冰冻圈科学丛书

总主编：秦大河

副总主编：姚檀栋　丁永建　任贾文

冰冻圈气候环境记录

姚檀栋　王宁练 等　著

科学出版社

北　京

内 容 简 介

本书系统介绍了冰冻圈气候环境记录研究的内容、理论和方法，分析了冰冻圈各介质在重建过去气候环境变化方面的优势和局限性，并总结了冰冻圈气候环境记录研究对过去全球变化研究的贡献，以及对相关环境政策制定的作用。

本书可供地理、气象、气候、大气化学、地球化学、环境、生态、海洋、天文、考古以及全球变化等领域的科研和技术人员、大专院校相关专业师生使用和参考，也可供从事环境政策、卫生健康、社会发展等领域和部门的相关人员参考使用。

图书在版编目（CIP）数据

冰冻圈气候环境记录/姚檀栋等著. —北京：科学出版社，2022.3

（冰冻圈科学丛书 / 秦大河总主编）

ISBN 978-7-03-071907-2

Ⅰ. ①冰… Ⅱ. ①姚… Ⅲ. ①冰川学–气候环境–环境管理 Ⅳ. ①P343.6

中国版本图书馆 CIP 数据核字（2022）第 043361 号

责任编辑：杨帅英 白 丹/责任校对：何艳萍
责任印制：吴兆东/封面设计：图阅社

科学出版社 出版
北京东黄城根北街 16 号
邮政编码：100717
http://www.sciencep.com
北京建宏印刷有限公司 印刷
科学出版社发行 各地新华书店经销
*
2022 年 3 月第 一 版 开本：787×1092 1/16
2023 年 5 月第二次印刷 印张：10 1/2
字数：249 000

定价：78.00 元
（如有印装质量问题，我社负责调换）

 # "冰冻圈科学丛书" 编委会

 **本书编写组**

主　　编：姚檀栋

副 主 编：王宁练

作　　者：姚檀栋　王宁练　徐柏青　刘勇勤　金会军

　　　　　刘晓宏　吴吉春　赵井东　游　超　李久乐

　　　　　张小龙　沈　亮　刘　佳

丛书总序

习近平总书记提出构建人类命运共同体的重要理念，这是全球治理的中国方案，得到世界各国的积极响应。在这一理念的指引下，中国在应对气候变化、粮食安全、水资源保护等人类社会共同面临的重大命题中发挥了越来越重要的作用。在生态环境变化中，作为地球表层连续分布并具有一定厚度的负温圈层，冰冻圈成为气候系统的一个特殊圈层，涵盖冰川、积雪和冻土等地球表层的冰冻部分。冰冻圈储存着全球77%的淡水资源，是陆地上最大的淡水资源库，也被称为"地球上的固体水库"。

冰冻圈与大气圈、水圈、岩石圈及生物圈并列为气候系统的五大圈层。科学研究表明，在受气候变化影响的诸环境系统中，冰冻圈变化首当其冲，是全球变化最快速、最显著、最具指示性，也是对气候系统影响最直接、最敏感的圈层，被认为是气候系统多圈层相互作用的核心纽带和关键性因素之一。随着气候变暖，冰冻圈的变化及对海平面、气候、生态、淡水资源以及碳循环的影响，已经成为国际社会广泛关注的热点和科学研究的前沿领域。尤其是进入21世纪以来，在国际社会推动下，冰冻圈研究发展尤为迅速。2000年世界气候研究计划（WCRP）推出了气候与冰冻圈计划（CliC）。2007年，鉴于冰冻圈科学在全球变化中的重要作用，国际大地测量和地球物理学联合会（IUGG）专门增设了国际冰冻圈科学协会（IACS），这是其成立80多年来史无前例的决定。

中国的冰川是亚洲十多条大江大河的发源地，直接或间接影响下游十几个国家逾20亿人口的生计。特别是以青藏高原为主体的冰冻圈是中低纬度冰冻圈最发育的地区，是我国重要的生态安全屏障和战略资源储备基地，对我国气候、生态、水文、灾害等具有广泛影响，又被称为"亚洲水塔"和"地球第三极"。

中国政府和中国科研机构一直以来高度重视冰冻圈的研究。早在1961年，中国科学院就成立了从事冰川学观测研究的国家级野外台站——天山冰川观测试验站。1970年开始，中国科学院组织开展了我国第一次冰川资源调查，编制了《中国冰川目录》，建立了中国冰川信息系统数据库。1973年，中国科学院青藏高原第一次综合科学考察队成立，拉开了对青藏高原进行大规模综合科学考察的序幕。这是人类历史上第一次全面地、系统地对青藏高原的科学考察。2007年3月，我国成立了冰冻圈科学国家重点实验室，其是国际上第一个以冰冻圈科学命名的研究机构。2017年8月，时隔四十余年，中国科学院启动了第二次青藏高原综合科学考察研究，习近平总书记专门致贺信勉励科学考察研究队。此后，中国科学院还启动了"第三极"国际大科学计划，支持全球科学家共同研究好、守护好世界上最后一方净土。

　　当前，冰冻圈研究主要沿着两条主线并行前进：一是深化对冰冻圈与气候系统之间相互作用的物理过程与反馈机制的理解，主要是评估和量化过去和未来气候变化对冰冻圈各分量的影响；二是以"冰冻圈科学"为核心，着力推动冰冻圈科学向体系化方向发展。以秦大河院士为首的中国科学家团队抓住了国际冰冻圈科学发展的大势，在冰冻圈科学体系化建设方面走在了国际前列，"冰冻圈科学丛书"的出版就是重要标志。这一丛书认真梳理了国内外科学发展趋势，系统总结了冰冻圈研究进展，综合分析了冰冻圈自身过程、机理及其与其他圈层相互作用关系，深入解析了冰冻圈科学内涵和外延，体系化构建了冰冻圈科学理论和方法。丛书以"冰冻圈变化—影响—适应"为主线，包括自然和人文相关领域，内容涵盖冰冻圈物理、化学、地理、气候、水文、生物和微生物、环境、第四纪、工程、灾害、人文、地缘、遥感以及行星冰冻圈等相关学科领域，是目前世界上最全面系统的冰冻圈科学丛书。这一丛书的出版，不仅凝聚着中国冰冻圈人的智慧、心血和汗水，也标志着中国科学家已经将冰冻圈科学提升到学科体系化、理论系统化、知识教材化的新高度。在丛书即将付梓之际，我为中国科学家取得的这一系统性成果感到由衷的高兴！衷心期待以丛书出版为契机，推动冰冻圈研究持续深化、产出更多重要成果，为保护人类共同的家园——地球做出更大贡献。

白春礼院士

"一带一路"国际科学组织联盟主席

2019 年 10 月于北京

# 丛书自序

　　虽然科研界之前已经有了一些调查和研究，但系统和有组织地对冰川、冻土、积雪等中国冰冻圈主要组成要素的调查和研究是从 20 世纪 50 年代国家大规模经济建设时期开始的。为满足国家经济社会发展建设的需求，1958 年中国科学院组织了祁连山现代冰川考察，初衷是向祁连山索要冰雪融水资源，满足河西走廊农业灌溉的要求。之后，青藏公路如何安全通过高原的多年冻土区，如何应对天山山区公路的冬春季节积雪、雪崩和吹雪造成的灾害，等等，一系列亟待解决的冰冻圈科技问题摆在了中国建设者的面前。来自四面八方的年轻科学家齐聚在皋兰山下、黄河之畔的兰州，忘我地投身于研究，却发现大家对冰川、冻土、积雪组成的冰冷世界知之不多，认识不够。中国冰冻圈科学研究就是在这样的背景下，踏上了它六十余载的艰辛求索之路！

　　进入 20 世纪 70 年代末期，我国冰冻圈研究在观测试验、形成演化、分区分类、空间分布等方面取得显著进步，积累了大量科学数据，科学认知大大提高。20 世纪 80 年代以后，随着中国的改革开放，科学研究重新得到重视，冰川、冻土、积雪研究也驶入发展的快车道，针对冰冻圈组成要素形成演化的过程、机理研究，基于小流域的观测试验及理论等取得重要进展，研究区域也从中国西部扩展到南极和北极地区，同时实验室建设、遥感技术应用等方法和手段也有了长足发展，中国的冰冻圈研究实现了与国际接轨，研究工作进入平稳、快速的发展阶段。

　　21 世纪以来，随着全球气候变暖进一步显现，冰冻圈研究受到科学界和社会的高度关注，同时，冰冻圈变化及其带来的一系列科技和经济社会问题也引起了人们广泛注意。在深化对冰冻圈自身机理、过程认识的同时，人们更加关注冰冻圈与气候系统其他圈层之间的相互作用及其效应。在研究冰冻圈与气候相互作用的同时，联系可持续发展，在冰冻圈变化与生物多样性、海洋、土地、淡水资源、极端事件、基础设施、大型工程、城市、文化旅游乃至地缘政治等关键问题上展开研究，拉开了建设冰冻圈科学学科体系的帷幕。

　　冰冻圈的概念是 20 世纪 70 年代提出的，科学家们从气候系统的视角，认识到冰冻圈对全球变化的特殊作用。但真正将冰冻圈提升到国际科学视野始于 2000 年启动的世界气候研究计划-气候与冰冻圈核心计划（WCRP-CliC），该计划将冰川（含山地冰川、南极冰盖、格陵兰冰盖和其他小冰帽）、积雪、冻土（含多年冻土和季节冻土），以及海冰、

冰架、冰山、海底多年冻土和大气圈中冻结状的水体视为一个整体，即冰冻圈，首次将冰冻圈列为组成气候系统的五大圈层之一，展开系统研究。2007 年 7 月，在意大利佩鲁贾举行的第 24 届国际大地测量和地球物理学联合会上，原来在国际水文科学协会（IAHS）下设的国际雪冰科学委员会（ICSI）被提升为国际冰冻圈科学协会，升格为一级学科。这是 IUGG 成立 80 多年来唯一的一次机构变化。"冰冻圈科学"(cryospheric science, CS)这一术语始见于国际计划。

在 IACS 成立之前，国际社会还在探讨冰冻圈科学未来方向之际，中国科学院于 2007 年 3 月在兰州成立了世界上第一个以"冰冻圈科学"命名的"冰冻圈科学国家重点实验室"，同年 7 月又启动了国家重点基础研究发展计划（973 计划）项目——"我国冰冻圈动态过程及其对气候、水文和生态的影响机理与适应对策"。中国命名"冰冻圈科学"研究实体比 IACS 早，在冰冻圈科学学科体系化方面也率先迈出了实质性步伐，又针对冰冻圈变化对气候、水文、生态和可持续发展等方面的影响及其适应展开研究，创新性地提出了冰冻圈科学的理论体系及学科构成。中国科学家不仅关注冰冻圈自身的变化，更关注这一变化产生的系列影响。2013 年启动的国家重点基础研究发展计划 A 类项目（超级"973"）"冰冻圈变化及其影响"，进一步梳理国内外科学发展动态和趋势，明确了冰冻圈科学的核心脉络，即变化—影响—适应，构建了冰冻圈科学的整体框架——冰冻圈科学树。在同一时段里，中国科学家 2007 年开始构思，从 2010 年起先后组织了 60 多位专家学者，召开 8 次研讨会，于 2012 年完成出版了《英汉冰冻圈科学词汇》，2014 年出版了《冰冻圈科学辞典》，匡正了冰冻圈科学的定义、内涵和科学术语，完成了冰冻圈科学奠基性工作。2014 年冰冻圈科学学科体系化建设进入一个新阶段，2017 年出版的《冰冻圈科学概论》（其英文版将于 2021 年出版）中，进一步厘清了冰冻圈科学的概念、主导思想，学科主线。在此基础上，2018 年发表的科学论文 *Cryosphere Science: research framework and disciplinary system*，对冰冻圈科学的概念、内涵和外延、研究框架、理论基础、学科组成及未来方向等以英文形式进行了系统阐述，中国科学家的思想正式走向国际。2018 年，由国家自然科学基金委员会和中国科学院学部联合资助的国家科学思想库——《中国学科发展战略·冰冻圈科学》出版发行，《中国冰冻圈全图》也在不久前交付出版印刷。此外，国家自然科学基金委 2017 年资助的重大项目"冰冻圈服务功能与区划"在冰冻圈人文研究方面也取得显著进展，顺利通过了中期评估。

一系列的工作说明，中国科学家经过深思熟虑和深入研究，在国际上率先建立了冰冻圈科学学科体系，中国在冰冻圈科学的理论、方法和体系化方面引领着这一新兴学科的发展。

围绕学科建设，2016 年我们正式启动了"冰冻圈科学丛书"（以下简称"丛书"）的编写。根据中国学者提出的冰冻圈科学学科体系，"丛书"包括《冰冻圈物理学》《冰冻圈化学》《冰冻圈地理学》《冰冻圈气候学》《冰冻圈水文学》《冰冻圈生态学》《冰冻圈微生物学》《冰冻圈气候环境记录》《第四纪冰冻圈》《冰冻圈工程学》《冰冻圈灾害学》《冰冻圈人文社会学》《冰冻圈遥感学》《行星冰冻圈学》《冰冻圈地缘政治学》分卷，共计 15 册。内容涉及冰冻圈自身的物理、化学过程和分布、类型、形成演化（地理、第四纪），冰冻圈多圈层相互作用（气候、水文、生态、环境），冰冻圈变化适应与可持续发展（工程、灾害、人文和地缘）等冰冻圈相关领域，以及冰冻圈科学重要的方法学——冰冻圈遥感学，而行星冰冻圈学则是更前沿、面向未来的相关知识。"丛书"内容涵盖面之广、涉及知识面之宽、学科领域之新，均无前例可循，从学科建设的角度来看，也是开拓性、创新性的知识领域，一定有不少不足，我们热切期待读者批评指正，以便修改、补充，不断深化和完善这一新兴学科。

这套"丛书"除具备学术特色，供相关专业人士阅读参考外，还兼顾普及冰冻圈科学知识的目的。冰冻圈在自然界独具特色，引人注目。山地冰川、南极冰盖、巨大的冰山和大片的海冰，吸引着爱好者的眼球。今天，全球变暖已是不争事实，冰冻圈在全球气候变化中的作用日渐突出，大众的参与无疑会促进科学的发展，迫切需要普及冰冻圈科学知识。希望"丛书"能起到"普及冰冻圈科学知识，提高全民科学素质"的作用。

"丛书"和各分册陆续付梓之际，冰冻圈科学学科建设从无到有、从基本概念到学科体系化建设、从初步认识到深刻理解，我作为策划者、领导者和作者，感慨万分！历时十三载，"十年磨一剑"的艰辛历历在目，如今瓜熟蒂落，喜悦之情油然而生。回忆过去共同奋斗的岁月，大家为学术问题热烈讨论、激烈辩论，为提高质量提出要求，严肃气氛中的幽默调侃，紧张工作中的科学精神，取得进展后的欢声笑语……，这一幕幕工作场景，充分体现了冰冻圈人的团结、智慧和能战斗、勇战斗、会战斗的精神风貌。我作为这支队伍里的一员，倍感自豪和骄傲！在此，对参与"丛书"编写的全体同事表示诚挚感谢，对取得的成果表示热烈祝贺！

在冰冻圈科学学科建设和系列书籍编写的过程中，得到许多科学家的鼓励、支持和指导。已故前辈施雅风院士勉励年轻学者大胆创新，砥砺前进；李吉均院士、程国栋院士鼓励大家大胆设想，小心求证，踏实前行；傅伯杰院士在多种场合给予指导和支持，并对冰冻圈服务提出了前瞻性的建议；陈骏院士和中国科学院地学部常委们鼓励尽快完善冰冻圈科学理论，用英文发表出去；张人禾院士建议在高校开设课程，普及冰冻圈科学知识，并从大气、海洋、海冰等多圈层相互作用方面提出建议；孙鸿烈院士作为我国老一辈科学家，目睹和见证了中国从冰川、冻土、积雪研究发展到冰冻圈科学的整个历程。中国科学院院长白春礼院士也对冰冻圈科学给予了肯定和支持，等等。在此表示衷心感谢。

"丛书"从《冰冻圈物理学》依次到《冰冻圈地缘政治学》，每册各有两位主编，分别是任贾文和盛煜、康世昌和黄杰、刘时银和吴通华、秦大河和罗勇、丁永建和张世强、王根绪和张光涛、陈拓和张威、姚檀栋和王宁练、周尚哲和赵井东、吴青柏和李志军、温家洪和王世金、效存德和王晓明、李新和车涛、胡永云和杨军以及秦大河和杜德斌。我要特别感谢所有参加编写的专家，他们年富力强，都承担着科研、教学或生产任务，负担重、时间紧，不求报酬和好处，圆满完成了研讨和编写任务，体现了高尚的价值取向和科学精神，难能可贵，值得称道！

"丛书"在编写过程中，得到诸多兄弟单位的大力支持，宁夏沙坡头沙漠生态系统国家野外科学观测研究站、复旦大学大气科学研究院、云南大学国际河流与生态安全研究院、海南大学生态与环境学院、中国科学院东北地理与农业生态研究所、延边大学地理与海洋科学学院、华东师范大学城市与区域科学学院、中山大学大气科学学院等为"丛书"编写提供会议协助。秘书处为"丛书"出版做了大量工作，在此对先后参加秘书处工作的王文华、徐新武、王世金、王生霞、马丽娟、李传金、窦挺峰、俞杰、周蓝月表示衷心的感谢！

中国科学院院士

冰冻圈科学国家重点实验室学术委员会主任

2019 年 10 月于北京

 # 前　言

　　冰冻圈科学是研究自然背景条件下，冰冻圈各要素形成和变化的过程与内在机理，冰冻圈与气候系统其他圈层相互作用，以及冰冻圈变化的影响和适应的新兴交叉学科。随着冰冻圈科学体系的不断完善，在前期出版《冰冻圈科学概论》的基础上，编写与之配套的系列教学参考书是十分必要的。《冰冻圈气候环境记录》就是其中之一。

　　冰芯气候环境记录研究是冰川学研究的一个重要方向。20 世纪 60 年代末格陵兰 Camp Century 冰芯十万年气候记录的发表，使冰芯气候环境记录研究成为过去气候环境变化研究的主角之一。随着冰芯分析技术的提高和研究程度的深入，冰芯气候环境记录研究与其他学科之间的交叉越来越多，尤其是与气象学、气候学、大气化学、地球化学、生物学、海洋学、天文学等学科之间的交叉日益凸显。与冰芯气候环境记录研究相比，冰冻圈其他介质中气候环境记录研究相对较少，但是这些不同介质中气候环境记录在时间和空间上可以相互补充，这有利于认识冰冻圈的形成与演化过程，进而从冰冻圈气候环境记录研究的角度推动冰冻圈科学的发展。之前，冰冻圈各介质中气候环境记录研究都是相对独立的，从冰冻圈圈层的角度来看，缺乏系统性和综合集成性。因此，本书试图在前期研究成果的基础上，集成冰冻圈气候环境记录研究的理论、方法与成果，使读者对冰冻圈气候环境记录有一个整体的认识，并了解它对学科发展的重要作用和对社会发展的现实意义。同时，本书作为教学参考书，在介绍相关概念、理论与研究方法的同时，也列举了相关重建古气候环境记录研究的例子，便于从事冰冻圈气候环境记录研究方面的研究生和相关研究人员参考。

　　本书由姚檀栋、王宁练、徐柏青、刘勇勤、金会军、刘晓宏、吴吉春、赵井东、游超、李久乐、张小龙、沈亮和刘佳撰写，其中主编为姚檀栋，副主编为王宁练。全书共分 7 章，第 1 章绪论，由姚檀栋、王宁练、金会军和刘晓宏撰写；第 2 章冰冻圈气候环境记录研究方法，由姚檀栋、王宁练、金会军、刘晓宏和赵井东撰写；第 3 章古冰川与古气候环境，由王宁练和赵井东撰写；第 4 章冰芯气候环境记录，由姚檀栋、王宁练、刘勇勤、徐柏青、游超和沈亮撰写；第 5 章冻土气候环境记录，由吴吉春和刘佳撰写；第 6 章冰冻圈树木年轮气候环境记录，由刘晓宏撰写；第 7 章冰冻圈湖泊沉积气候环境记录，由徐柏青、李久乐和张小龙撰写。本书初稿完成后，依据几次丛书编委会的修改意见以及赵林、易朝路、朱海峰等相关专家的意见，姚檀栋组织撰写人员进行了多次修改，最后全书由姚檀栋统一进行修订。杨雪雯博士对相关图件进行了清绘。在此向为本

书做出贡献的所有人员表示衷心的感谢!

由于冰冻圈气候环境记录研究本身涉及的学科较多,本书撰写人员不论是在相关知识储备方面,还是对重要观点的理解方面,都存在一定的局限性。本书是第一次对冰冻圈气候环境记录进行集成,因此在对相关资料整合的系统性、整体性、综合性和创新性等方面略显不足。另外,本书撰写时间比较仓促,文献调研和相关内容的理解深度也还不够。有鉴于此,书稿中肯定存在不妥之处,期望不同学科领域的专家、学者及研究者予以指正,以便修订和完善。

作 者

2021 年 4 月

目　录

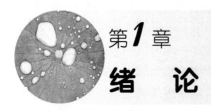

第*1*章

绪　论

1.1　冰冻圈气候环境记录研究的内容与范畴

冰冻圈是指地球表层连续分布且具有一定厚度的负温圈层，也称为冰雪圈、冰圈或冷圈。冰冻圈的水体应处于冻结状态。冰冻圈在大气圈内位于 0℃线高度以上的对流层和平流层内，包括冰晶、冰针、雪花、冰雹等，属于大气冰冻圈；在陆地区域位于低纬高山地区和中高纬度地区，并在地表上下具有数厘米至上千米的厚度（即地表冰雪层和地下冻结岩土层），包括冰川、冻土、积雪、河冰、湖冰等，属于陆地冰冻圈；在海洋区域位于南北两半球的高纬度海洋地区，并在海表上下具有数厘米至上百米的厚度以及在大陆架上有数十米至数百米的厚度，包括海冰、冰架、冰山、海底多年冻土等，属于海洋冰冻圈。冰冻圈的组成要素包括冰川（含冰盖）、冻土（按存在时间包括多年冻土、隔年冻土、季节冻土、短时冻土和瞬时冻土）、积雪、河冰、湖冰、海冰、冰架、冰山以及大气圈对流层和平流层内的冻结状水体等。以上所述是地球冰冻圈的状况。实际上，在其他行星和宇宙空间冰冻圈也是广泛存在的。

冰冻圈气候环境记录是指冰冻圈各介质（即各组成要素或组成部分）中所承载、储存或封存的过去气候和环境变化的所有信息。各种气候和环境信息在冰冻圈各介质中的形成过程，以及利用冰冻圈不同介质对过去气候环境的重建研究，是冰冻圈气候环境记录研究的主要内容。冰冻圈组成部分多、持续时间差异大、时空变化差异大，以及同一气候环境信息在各组分中的代用指标不同，因此冰冻圈气候环境记录研究的范畴十分宽广。基于现代过程研究的各介质中气候环境代用指标（如气温、降水等）的识别、介质定年以及古气候环境变化的定性或定量重建研究等都属于冰冻圈气候环境记录研究的范畴。

冰冻圈中一些组分，如大气中冻结状水体、瞬时冻土、冰山等，由于形成时间短或变化快或流动性强等，一般很少用于长期气候环境变化的重建研究。目前，能够记录或反映长期气候环境变化的介质主要是冰川和多年冻土及其（冰缘）遗迹。利用过去冰缘地貌以及冰川和多年冻土的存在、活动和消亡过程的遗迹来开展古气候环境重建研究，是冰冻圈气候环境记录的传统研究内容。随着分析技术和探测技术的提高，以及冰冻圈不同介质中物理、化学、生物过程研究的深入，新的气候环境代用指标不断涌现，极大地丰富了冰冻圈气候环境记录研究的内容，如利用在冰川上钻取的冰芯不仅可以获得过去气温、降水的变化信息，还可以获得过去大气化学成分、火山活动、太阳活动等的变化信息。另外，处于冰冻圈区域或受冰冻圈变化影响区域的湖泊沉积、海洋沉积、洞穴沉积、泥炭沉积以及古土壤和树轮等，也可以用来揭示冰冻圈区域的气候环境变化过程或指示冰冻圈的变化过程，通常把它们中与冰冻圈环境变化有关的信息研究也纳入冰冻圈气候环境记录研究的范畴（图 1-1）。

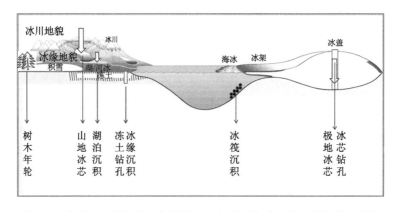

图 1-1　全球冰冻圈组成部分及用于古气候环境重建的主要介质示意图

目前，在冰冻圈气候环境记录研究范畴内的各介质中，只有冰芯能高分辨率、长时间尺度和连续地记录过去气候环境变化的过程（图 1-2），而且它的各种指标具有明确的气候环境指示意义。一般情况下，在冰川积累率高的地区所获取的冰芯（如一般山地冰芯和格陵兰冰芯），其时间分辨率很高，可以达到季节时间尺度（即气候环境的季节变化信息也可以反映出来），但其连续记录的年代跨距相对较短（一般为数千年到数万年）；在积累率普遍偏低地区所获取的冰芯（如南极冰芯），尽管其时间分辨率从季节到年际或年代际不等，但其连续记录的年代跨距较长，目前最长的冰芯记录可达到 800 ka。冰冻圈区域的树木年轮具有年际分辨率，但其气候环境记录的时间长度一般不超过几千年。冰冻圈区域的泥炭、湖泊等沉积记录所揭示的气候环境变化，其年代跨距较大（可达上万年甚至百万年），但其时间分辨率一般较低（多在年代际甚至世纪时间尺度）。古冰川与古冻土一般可揭示某一极端气候事件或极端气候时期（冷期）的气候和环境状况，尽管通过它们难以重建过去气候和环境的连续变化过程，但它们是冰冻圈变化与气候环境变化最直接的证据，在过去气候环境变化重建研究中是其他气候环境指标无法替代的。

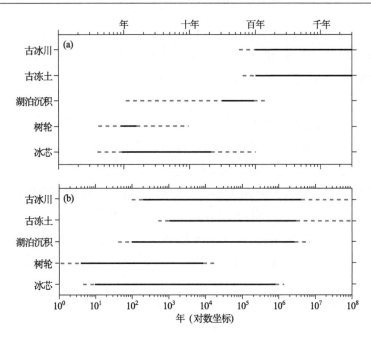

图 1-2　冰冻圈不同介质气候环境记录的时间分辨率（a）与年代跨距（b）

1.2　冰冻圈气候环境记录研究的历史与趋势

目前，冰冻圈气候环境记录研究基本上是基于冰冻圈中不同介质独立开展气候环境变化的重建研究，还缺乏在冰冻圈科学系统框架下将各介质中气候环境记录进行系统综合集成研究。因此，本书仅将冰冻圈各介质中气候环境记录的研究历史做简要介绍，同时对冰冻圈气候环境记录研究的未来趋势予以展望。

1.2.1　古冰川与古气候环境研究

古冰川研究起源于欧洲阿尔卑斯山和斯堪的纳维亚半岛地区的冰川漂砾研究。早在18 世纪，人们就认为这些漂砾是过去冰川扩张的产物。1835 年，德国植物学家 Karl Friedrich Schimper 对阿尔卑斯山进行了考察，断定高山上的大漂砾一定是冰川搬运所造成的，并认为地球过去曾存在寒冷气候时期，创造性地提出了冰期（eiszeit）这个专业术语。19 世纪 30 年代，当时著名的动物学家、古生物学家和地质学家美籍瑞士人 Louis Agassiz 教授，对冰川研究极为感兴趣。他通过对阿尔卑斯山漂砾和冰川的观测研究，出版了他一生中最重要的冰川学专著《冰川研究》（*Études sur les glaciers*），创造性地提出了终碛、侧碛和中碛等名词，并认为包括瑞士在内的中欧地区在地质时期曾被冰川所覆盖，从此拉开了第四纪冰川研究的序幕。他第一个认识到巨大的史前北美湖泊（现在以他的名字命名为 Agassiz 湖）是由冰川阻塞所形成的。20 世纪初，Albrecht Penck 和 Eduard

Bruckner 根据德国南部阿尔卑斯山冰川沉积，将最近 4 次大的冰川作用时期分别以阿尔卑斯山 4 条河流的名字命名，即贡兹（Günz）冰期、民德（Mindel）冰期、里斯（Riss）冰期和武木（Würm）冰期。从此，4 次冰期划分模式成为世界各国第四纪冰川研究中冰期划分的样板。之后，随着研究的深入，在阿尔卑斯山又发现了更老的冰期。20 世纪中期以后，随着测年技术的发展与提高，第四纪冰川学研究也从相对冰期划分时代走向以技术定年为主要特征的绝对冰期划分时代。同时，随着古雪线高度研究方法的提出，古冰川与环境研究也走向古气候环境准定量重建研究的时代。

　　我国第四纪冰川研究起步相对较晚。20 世纪 20 年代，李四光先生开始对中国东部第四纪冰川进行研究，并在 20 世纪 20 年代完成了《冰期之庐山》一书。在该书中，按照西方国家第四纪冰川研究中关于冰期划分的框架，对我国东部第四纪冰川作用进行了划分。从 20 世纪 50 年代末开始，施雅风等老一辈冰川学家开始对我国西部第四纪冰川与现代冰川进行研究。通过他们几十年的研究工作积累，基本查清青藏高原及周边山地第四纪冰川的分布特征与演化序列，揭示了高原隆升与冰期气候耦合是本区冰川发育的主因之一；绘制了末次冰期最盛期（last glacial maximum，LGM）我国西部雪线高度分布图；建立了现代冰川平衡线高度与气候要素之间的定量关系；据此关系以及冰期时的气候特征，并结合冰川地貌特征，认为我国东部（105°E 以东）的贺兰山、太白山、长白山和台湾中央山等个别海拔超过 2500 m a. s. l.[①]的中高山地在晚更新世以来曾有冰川发育。目前，我国第四纪冰川测年技术也得到了长足的发展，极大地提升和促进了我国古冰川与古环境重建研究的水平和成果的影响力。

1.2.2　冰芯气候环境记录研究

　　19 世纪中期，冰川学家们就开始在瑞士阿尔卑斯山冰川上进行冰川机械钻探工作，其目的是了解冰川的厚度及其内部结构。直到 1950 年，科学家才在格陵兰冰盖和阿拉斯加温冰川上钻取了三根超过 100 m 的深冰芯（格陵兰 Camp Ⅵ：126 m；格陵兰 Station Centrale：150 m；阿拉斯加 Taku 温冰川：100 m），然而那时冰芯的研究内容局限在其物理特征方面。同时，在 20 世纪 50 年代初期，科学家通过对自然界各种水体中氧稳定同位素的研究，发现降水中 $^{18}O/^{16}O$ 比率和大气过程（尤其是降水发生时的凝结温度、水汽来源和降水云系的历史）有着密切关系，并且这种关系不因降水形式的不同（降雨或降雪）而发生变化。丹麦古气候学家 Willi Dansgaard 首先将氧稳定同位素比率可以反映气温的思想应用于冰川学研究中，发现粒雪层中氧稳定同位素比率变化与雪层层位特征及气温季节变化具有很好的一致性。于是，提出在极地冰盖钻取连续冰芯以重建古气候环境的设想。在美国科学家 Henri Bader 的领导下，美国军方雪冰与多年冻土研究基地（US

---

　　① a. s. l.（above sea level）海平面以上

Army Snow, Ice and Permafrost Research Establishment，即 SIPRE，现名为美国陆军寒区研究与工程实验室，US Army Cold Regions Research and Engineering Laboratory，即 CRREL）于 1956 年与 1957 年夏季在格陵兰 Site 2 开展了深孔冰芯钻取计划。1966 年，第一支穿透格陵兰冰层的透底冰芯在 Camp Century 地点获得，长度为 1387 m，Willi Dansgaard 利用该冰芯首次高分辨率地重建了末次冰期以来气候变化的冰芯记录。时隔两年，第一支穿透南极冰层的透底冰芯在 Bryd 站获得，长度为 2164 m。从此，南北极冰芯气候环境记录研究蓬勃开展。

随着两极冰盖冰芯和极区冰帽冰芯古气候环境记录的恢复，科学家们意识到要正确理解这些高纬度冰芯记录的气候环境变化以及两极冰芯记录之间的联系，必须在中低纬度建立高分辨率的气候环境记录。于是美国科学家 Lonnie G. Thompson 在 20 世纪 70 年代中期提出了开展中低纬度山地冰芯研究的构想。与极地冰川不同，中低纬度冰川往往由于消融，其冰雪中的气候环境记录受到影响，因此选择理想的冰川是开展山地冰芯研究的关键。1974 年夏季，美国俄亥俄州立大学极地研究所（现名为伯德极地与气候研究中心）Lonnie G. Thompson 教授开始对秘鲁的 Quelccaya 冰帽进行调查研究。随后在 1976 年、1977 年和 1978 年连续三年对该冰帽进行了雪坑和浅冰芯研究，结果发现 Quelccaya 冰帽适合开展冰芯研究，并于 1983 年在该冰帽上钻取了 164 m 的透底冰芯，根据该冰芯重建了南美热带地区近 1500 年以来的降水变化历史，刷新了人们对中低纬度山地冰芯研究的认识。几乎在美国俄亥俄州立大学开展 Quelccaya 冰帽冰芯调查研究的同时，瑞士提出了阿尔卑斯山地冰芯计划，旨在揭示人类活动对于环境的影响，以及揭示消融对于冰雪气候环境记录的影响和冰雪中氢、氧稳定同位素比率与气象要素的关系，并于 1976 年和 1977 年在瑞士阿尔卑斯山的 Colle Gnifetti 钻取了四根冰芯。自此以来，山地冰芯研究便在南美、北美和欧亚大陆等广大中低纬度地区蓬勃开展起来。我国山地冰芯研究从 20 世纪 80 年代中后期开始，虽然起步较晚，但已取得了长足的进展。1992 年在西昆仑山古里雅冰帽上获得了长 309 m 的冰芯，该冰芯至今仍是中低纬度所获得的长度最长、年代跨距最大的冰芯。

冰芯不但记录着过去气候环境各种参数（如气温、降水、大气化学与大气环流等）的变化，而且也记录着影响气候环境变化的各种驱动因子（如太阳活动、火山活动和温室气体含量等）的变化。同时，冰芯还记录了人类活动对气候环境的影响。冰芯研究已对过去全球变化研究做出了重大贡献，主要表现在过去 800 ka 以来地球气候以及大气中的温室气体（CH_4 和 CO_2 等）含量变化都存在地球轨道参数变化的周期，末次冰期气候存在明显的突变特征，末次冰消期南北极气候变化之间存在"跷跷板"效应，冰芯中 [10]Be 浓度记录了过去太阳活动的变化信息，重建了历史时期的火山活动信息，揭示了人类活动对环境的污染，等等。

1.2.3　冻土与环境研究

早在 20 世纪初就已有学者利用冰缘遗迹和地貌进行古环境重建和历史多年冻土分

布南界或下界的勾勒和制图。波兰人 Walery von Lozinski 首先指出古冰缘现象的古气候意义。接着，德国的 Hans Poser 利用土楔和砂楔遗迹及其所伴随的冻融褶皱，研究了欧洲平原的区域古环境，并确定了晚更新世武木冰期最盛期欧洲的古多年冻土南界。自此以后，欧洲和北美地区冰缘现象和环境的关系得到了广泛的研究。在 20 世纪 60～70 年代，欧美学者广泛研究了多边形楔状构造（多年冻土发育和存在的可靠标志）。根据冰缘地貌特征，Dieter Brunnschweiler 重建了北美威斯康星冰期时的古环境。Robert F. Black 报道冰楔发育的南界附近年平均气温（MAAT）约为-5°C，并利用此值重建了美国威斯康星西南部的古气候。Troy L. Péwé 和 Robert F. Black 利用冰楔和冰楔假形在古环境重建方面做了大量研究。Troy L. Péwé 建立了一个冰楔发育的年平均气温阈值（低于-8～-6°C）。根据西伯利亚现存冰楔发育和分布的系统研究，Nikolai N. Romanovskij 发现了多边形楔状构造形成演化和环境因子（如岩性、含冰量、围岩/土温度）之间的关系。20 世纪 90 年代，Jef Vandenberghe，Albert Pissart，Julian Murton 和 Else Kolstrup 提出了大型冻融褶皱和年平均气温以及楔状构造的形成和一年之中最冷月平均气温之间密切相关。21 世纪以来，Hugh M. French 和 Susan W. S. Millar 研究了北美末次多年冻土最大期（last permafrost maximum，即 LPMax）的冻土分布并绘制其分布图，Jef Vandenberghe 等绘制了北半球过去 17 ka 以来的多年冻土分布范围。最近在北冰洋拉普捷夫海（Laptev Sea）西部沿岸和离岸区域的钻探表明，海底多年冻土普遍存在；根据冻土学、热学和孔隙水/冰和盐度数据分析，可掌握在海平面升高情况下海底多年冻土的演化情况。研究表明，海底多年冻土上限在快速下降中，相变边界之上的含盐多年冻土（实际上是湿寒土，cryopeg）温度较高，而且海底多年冻土并不像先前报道的那么厚。

中国是冰缘地貌最发育的国家之一，但国内的冰缘环境研究起步较晚。20 世纪 50 年代，裴文中对东北哈尔滨荒山的晚更新世冰缘现象的研究开启了中国的古冻土研究。从那时起，在鄂尔多斯高原南部和山西北部的大同等地陆续发现多种古冰缘遗迹类型。中国西部，如青藏高原、河西走廊和腾格里沙漠，也报道了很多冰缘遗迹。基于这些古冰缘遗迹的出现和保存条件，一些学者重建了冰缘环境和多年冻土南界/下界。例如，近年来程捷等利用冰楔假形和其他冰缘遗迹评估了青藏高原西北部末次冰期的古环境，金会军等利用大量的古冻土遗迹和冰缘现象重建了中国近两万年来的冻土演化历史。这些研究显著推进了中国的古冻土和古气候重建工作。结果表明，在末次冰期最盛期或末次多年冻土最大期，中国多年冻土面积达到了 5.3×10^6～5.4×10^6 km^2（是现今中国多年冻土面积的 3 倍多），而全新世大暖期（Holocene Megathermal Period，HMP，或末次多年冻土最小期，last permafrost minimum，LPMin），中国多年冻土面积曾缩减至 0.80×10^6～0.85×10^6 km^2（约为现今中国多年冻土面积的 50%）。按照古冻土遗迹的年代及分布等，在确定 LGM 和 HMP 两个主要时段的冻土格局基础上，将近 20 ka 以来中国多年冻土演化进程划分为七个阶段：①晚更新世 LGM（20 ka BP 到 13～10.8 ka BP）多年冻土强烈扩展，达到 LPMax；②早全新世气候剧变期（13～10.8 ka BP 到 8.5～7.0 ka BP）多年冻土较稳定，但处于相对退化阶段；③中全新世 HMP（8.5～7.0 ka BP 到 4.0～3.0 ka BP）多年冻土强烈退化阶段，多年冻土缩减到 LPMin；④晚全新世新冰期（4.0～3.0 ka BP 到 1.0 ka BP）冻土扩展阶段；⑤晚全新世中世纪暖期（1.0～0.5 ka BP）多年冻土相对退化阶段；⑥晚全新世小冰期（0.5～0.1 ka BP）冻土相对扩展阶段；⑦近代升温期（近百年来）多年冻土持续退化阶段（金会军等，2019）。何瑞霞等结合楔状构造和冻融褶皱综合集成了过去 50 ka 的鄂尔多斯高原冻土变化过程，以及青藏高原东北部末次冰期最盛期的冻土环境（He et al., 2020）；金会军等结合最新进展，综合集成了中国第四纪多年冻土环境变化（Jin et al., 2020）。

1.2.4 冰冻圈树木年轮气候环境记录研究

早在 20 世纪或更早时候，美国和法国的相关科学家开始研究树木年轮的形成过程，尝试寻找树轮年际间宽窄变化与某种气候因子变化之间的关系。树木年轮学的真正奠基人是美国物理学家和天文学家 Andrew Ellicott Douglass，他从太阳黑子活动和降水的关系联想到树木年轮的宽窄变化可能反映降水的多寡。20 世纪初，他致力于在美国西南部的干旱区开展树木年轮的相关研究，发现美国亚利桑那州地区树木年轮生长与降水存在着良好的对应关系，建立了一套较完整的树木年轮学基本原理和方法。此后，他创建了世界上最早的树木年轮实验室，逐步完善了树木年轮学的理论和方法；其提出的交叉定年和年表建立方法奠定了树木年代学研究的基础。

树轮中的稳定同位素比率反映了不同于年轮宽度的气候变化信息。Leona Marshall Libby 等率先将同位素温度计概念引入树轮气候学研究中，发现树轮纤维素和木质素中 $\delta^{13}C$ 与当地的温度呈显著正相关关系。随后，相关研究发现，除温度以外，还有其他的气候因子对 $\delta^{13}C$ 变化有影响。Richard Lawrence Edwards 等利用树轮纤维素的 $\delta^{18}O$ 进行了区域古温度变化的定量估计。树轮氢稳定同位素比率研究相对较少，与样品测定需要的样本量较大和前处理过程复杂有关。树轮中不同的稳定同位素记录（$\delta^{13}C$、$\delta^{18}O$ 和 δD）所反映的气候环境要素信息因其分馏机制的差异而存在异同，因此将两种或两种以上同位素记录信息联合应用可以更好地反映过去气候环境的变化特征。

近年来，科学家开展了利用树轮代用指标揭示冰冻圈变化的研究，如冰川进退、积雪和多年冻土变化等。树轮冰川学研究主要着重于利用冰碛垄上生长的最老活树的生理年龄加上树木定居期来推测冰川开始后退的最小年龄，如 Brian Henry Luckman 等对加拿大的佩多冰川区域和 David J. Barclay 等对美国基奈山脉地区的树轮研究，揭示了小冰期（little ice age，LIA）以来冰川进退的区域性特征。另外，相关研究还基于树轮密度和宽度资料重建了加拿大不列颠哥伦比亚省海岸山脉南部 Place 冰川物质平衡的变化。Ana Marina Srur 等结合树轮多指标的研究发现，全球变暖引起多年冻土区活动层的增厚将大幅提高多年冻土区落叶松的森林生产力。Connie A. Woodhouse 等基于树轮资料对美国西科罗拉多甘尼森河流域雪水当量重建进行了尝试。这些研究都促进了树轮代用资料在冰冻圈变化研究中的发展应用。

我国的树轮研究始于20世纪30年代，于20世纪70～80年代进入迅速发展时期。在吴祥定、卓正大、刘光远、李江风等老一辈科学家的带领下，如今我国树轮学家在青藏高原东部、横断山脉、川西高原、祁连山、天山和东北地区等主要森林分布区建立了众多树轮宽度年表。随着技术手段的发展，我国科学家在树轮稳定同位素研究上也取得了显著进展。在传统的树轮分析中引入新的理论、采用新的技术手段，以及开展树轮宽度、密度及稳定同位素比率等多指标综合研究并与冰冻圈要素变化过程相结合，促进了我国树轮冰川学和冰冻圈树轮记录的发展。朱海峰等基于树轮记录开展了青藏高原东南部米堆冰川、嘎瓦隆冰川和新错冰川的冰川进退历史研究。段建平等基于树轮资料重建了青藏高原东南部海螺沟冰川1868年以来的冰川物质平衡变化。张瑞波等基于树轮宽度和稳定同位素记录重建了天山典型冰川物质平衡变化历史。刘晓宏等发现贡嘎山树木生长上限的冷杉宽度和稳定碳同位素序列与积雪深度变化密切相关；同时，利用树轮代用资料对贡嘎山积雪深度进行了重建。这些研究拓展了树轮研究的范围，促进了其在冰冻圈变化研究中的应用。

1.2.5 冰冻圈湖泊沉积记录研究

湖泊作为陆地水圈的重要组成部分，能记录湖区不同时间尺度气候变化和人类活动信息，是揭示全球气候变化与区域响应的重要信息载体。作为湖泊类型之一的冰川湖泊（简称冰湖），是指由冰川作用形成的湖泊，它既是许多冰川灾害的孕育者和源地，又是气候与冰川变化的连续记录者。因此，冰湖沉积记录研究具有重要的现实和科学意义。

冰湖沉积研究最早可追溯至19世纪中期。具有季节沉积特征的纹泥，尽管可在不同的环境中形成，然而纹泥一词首次出现在1862年瑞典地质调查局编制的地图中，并表示它与冰湖的年沉积过程有关。此后，在全球很多地点利用冰川纹泥开展了冰川融水、洪水、湖冰状况以及降水变化等古气候环境重建研究。20世纪70年代以来，人们不仅利用冰湖沉积的物理指标，而且利用其中的化学指标和生物指标等，进行古气候环境的重建研究。例如，Wibjörn Karlén等首先利用连续的冰湖沉积有机质记录，恢复了北极地区（瑞典北部拉普兰地区）全新世的气候和冰川变化特征。之后，在北极以及阿尔卑斯山和南美安第斯山冰川作用地区，相继开展了一系列冰湖沉积记录研究。这些研究一般都用碎屑沉积物通量（累积量）、干样容重、粒度、地球化学元素、铁矿物、磁学参数、氢指数、有机质等物理、化学和生物代用指标指示冰川的进退，进而反演气候变化历史。

第三极地区（以青藏高原为主体，并包括周围高山地区，简称第三极地区）现代冰湖沉积记录研究始于20世纪80年代。当时，主要通过湖岸阶地和粒度等物理指标的分析来研究湖泊演化与气候变化的关系。之后，通过对松木希错、班公错、纳木错、普莫雍错、青海湖等沉积记录的研究，揭示了第三极晚更新世以来的气候环境变化。近期在第三极地区，利用湖泊沉积记录开展了冰冻圈变化过程研究。例如，黄磊和许腾等分别利用藏东南来古冰川湖和羌塘高原布若错冰川湖的粒度记录，揭示了研究区域内 3.5 ka BP 和 2.0 ka BP 的明显冰进事件；张继峰和徐柏青等利用高原南部枪勇冰川湖的老孢粉再沉积过程记录，揭示了近代是 2.5 ka 以来冰川融化强度最强的时期，超过了历史上的中世纪暖期[medieval warm period，MWP；又称中世纪气候异常期（medieval climate anomaly，MCA）]和罗马暖期（Roman warm period，RWP）。充分挖掘第三极地区冰冻圈区域湖泊沉积记录与冰冻圈过程的关系，对理解和认识第三极地区冰冻圈的长期演化具有重要意义。

1.2.6 冰冻圈气候环境记录研究的趋势

随着冰冻圈各介质中气候环境记录研究工作的积累，系统开展冰冻圈气候环境记录集成研究的时机已趋于成熟。同时，相关的新的分析测试手段与模拟手段在冰冻圈气候环境记录研究中的应用，将会极大地推动冰冻圈气候环境记录研究的发展，并提高其在全球变化研究中的地位与作用。

（1）拓展冰冻圈气候环境记录的时间长度。目前所获得的连续的冰冻圈气候环境记录只有近 800 ka 的记录，即只有 8 个冰期-间冰期气候旋回（100 ka 周期），无法阐明中更新世气候转型的过程和原因，即无法揭示 1200～700 ka BP 时期气候从之前的 400 ka 变化周期转化为之后的 100 ka 变化周期的详细过程以及大气化学组成的变化情况等。因此，需要寻找和获得更老的冰冻圈介质，尤其是冰芯来开展这一方面的研究。

（2）拓展冰冻圈气候环境记录的空间覆盖度。气候变化具有区域性，只有对不同地区气候环境变化做出充分研究并进行古气候环境研究资料的充分积累，才能提高过去全球气候环境变化重建结果的可信度，进而分析全球气候变化的原因。南极、北极和第三极地区均具有气候变化的放大效应，而在这三个冰冻圈显著作用的地区气候长期观测资料极为缺乏。冰冻圈是地球气候环境变化的敏感指示器，在三极地区获取更多的气候环境记录，将有助于认识冰冻圈地区与其他地区气候环境变化的相互耦合过程与影响机制。

（3）提高冰冻圈气候环境记录的时间分辨率。冰冻圈气候记录表明，气候突变在过去不同气候冷暖状况下均有发生，为了充分揭示气候突变发生的过程及其原因，需要高分辨率地重建过去气候和环境的变化过程。目前，已开始利用先进的激光剥蚀-电感耦合等离子质谱技术对冰芯样品进行亚毫米级分辨率的测试，这将会极大地提高古气候环境重建的时间分辨率。另外，相信不久的将来纳米分析技术会应用到冰芯、树轮、冰川湖泊沉积等研究中，以充分揭示气候环境变化的细微过程及其机制。

（4）冰冻圈气候环境记录重建的定量化与系统集成。在利用冰冻圈不同介质进行古气候环境变化重建时，均是采用代用指标来重建的。这些指标中既有生物指标，也有物理指标和化学指标。目前基于这些指标大多开展的是古气候环境变化的定性研究，需要利用现代过程研究对其进行定量化，以使古气候环境变化重建工作走向定量研究的道路。在定量研究的基础上，对冰冻圈区域的气候环境变化进行系统综合集成研究。

（5）古气候环境变化的数值模拟研究。模拟研究是认识气候环境变化机制与原因的基础。在三极以及全球不同区域古气候环境重建结果的基础上，开展空间大尺度或全球尺度气候环境变化的数值模拟研究，将有助于揭示气候环境变化在不同时空尺度上的驱动因素与驱动机制，认识冰冻圈演化与过去全球变化的关系，为未来气候变化的准确预测提供科学积累。

（6）加强和拓展冰冻圈微生物研究的内容与范围。冰冻圈作为一种极端寒冷的特殊环境，有利于过去微生物等的保存。目前的微生物演化理论很少考虑时间迭加的影响，然而由于冰川冻土消融使得地质时期的微生物在不断地向环境中释放，造成现代环境中的微生物是一个历史混合体，因此目前基于现代基因型估计的变异速率可能存在一定的误差。南极冰盖底部黑暗、寒冷、高压环境中微生物的发现与研究，已启示人们在开展宇宙生物学的研究过程中，不要仅局限于探索其他星体表面是否存在生命，还要深入其深部寻找生命的痕迹（如在火星冰盖中探索）。目前，在地球三极不同时期的冰芯样品中，均已发现病毒的存在。冰冻圈内部包含的病毒是否会随全球变暖导致冰冻圈的融化而释放，并进而造成世界卫生和疾病防控问题，这是值得深入研究的重要课题。可以预计冰冻圈微生物研究将在环境、生物演化乃至生物医学与人类健康等方面具有深远的影响。

1.3　冰冻圈气候环境记录研究的意义

尽管冰冻圈分布区域远离人类社会经济活动密集区域，但冰冻圈的变化与影响直接关系到人类社会经济的可持续发展。例如，冰冻圈变化引起的海平面上升将冲击全球经济发达的沿海地区；中亚干旱区山地冰川退缩引起的水资源短缺，直接影响到这一地区绿洲的生存与发展，等等。然而，要认识冰冻圈的变化机制与原因，必须了解冰冻圈区域的气候变化。人类活动已经给环境带来了很大的影响，远离人类活动的冰冻圈区域的环境记录，可以从历史和环境背景的双重角度为环境评价提供重要参考。因此，冰冻圈气候环境记录研究对于冰冻圈科学发展、气候环境预测及相关环境政策的制定等，均具有重要的科学意义和现实意义。

（1）冰冻圈气候环境记录研究有助于推动冰冻圈科学的发展。冰冻圈科学是研究冰冻圈的形成演化过程与规律、冰冻圈与其他圈层之间相互作用的过程与机制以及冰冻圈变化与人类社会经济发展之间关系的科学。冰冻圈气候环境记录研究提供了冰冻圈形成演化的气候基础。这不仅有助于揭示冰冻圈形成演化的宏观过程与规律，而且有助于在长时间尺度上研究冰冻圈与气候之间的相互作用过程。同时，冰冻圈气候环境记录可以揭示过去人类活动的变化。这为认识人类与环境及发展之间的关系提供了历史基础。因

此，冰冻圈气候环境记录研究程度的深入与提高无疑会推动冰冻圈科学的发展。

（2）冰冻圈气候环境记录研究可为气候变化预测研究提供科学基础。冰冻圈气候环境记录研究不仅可以提供过去气候环境变化的信息，还可以提供不同时期地表下垫面信息（古冰川与古冻土），更重要的是还可以提供过去太阳活动、火山活动、大气温室气体含量、大气气溶胶状况、微生物等的变化信息。这些为充分研究不同时间尺度气候变化的原因奠定了重要基础。对全球冰冻圈区域气候环境变化的重建研究，可以为过去气候环境模拟研究结果提供检验，以提高气候模式的预测能力。另外，空间大尺度和长时间尺度的气候环境变化重建研究结果，不仅可以对未来气候变化情景提供类比基础，而且有助于揭示气候环境的长期变化规律，为未来气候环境变化预测提供科学基础。

（3）冰冻圈气候环境记录研究可为评价人类活动对气候环境的影响以及相关环境政策的制定提供科学依据。冰冻圈气候环境记录研究不仅可以揭示过去气候环境的自然变化过程，而且可以提供过去人类活动变化及其对气候环境影响的信息。因此，有助于研究人类活动与气候环境变化之间的关系。人类工业化过程导致的大气温室气体含量的增加在冰芯记录中有明确的反映。人类温室气体排放的增加导致了工业化以来的全球变暖。在农业时代，人类活动导致的土地利用变化也会使气候环境发生变化。例如，William F. Ruddiman 基于冰芯记录的气候变化、温室气体含量变化等信息，结合地球接收到的太阳辐射变化等资料，提出了"早期人类活动假说（The Early Anthropogenic Hypothesis）"，即人类从 8 ka BP 开始的强烈的农业活动已经给地球气候环境变化带来了明显的影响（图 1-3）。地球冰冻圈区域大多分布在偏远地区，而人类排放的污染物可以通过大气环流传输到这些区域并沉降形成环境记录。这些记录是评价人类活动对环境影响的基础，是相关环境政策制定的科学支撑。例如，20 世纪 60 年代对近几百年来格陵兰冰雪中 Pb 含量的分析研究，发现人类工业化以后 Pb 含量逐渐增加，而 30 年代之后伴随着汽车产业

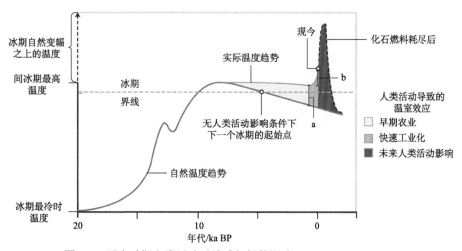

图 1-3 历史时期人类活动对地球气候的影响（Ruddiman，2005）

图中 a 表示农业时代人类温室气体排放引起的变暖幅度，b 表示工业化以来人类温室气体排放引起的变暖幅度，二者基本相当

的大发展，冰雪中 Pb 含量增加十分迅猛，到 60 年代大约增加到 7 ka BP 的 200 倍。这一研究结果（至少是部分原因）导致了欧美西方国家从 1970 年开始实行含铅汽油的禁用政策。

思　考　题

1. 冰冻圈气候环境记录研究的具体内容有哪些?
2. 冰冻圈气候环境记录研究的意义是什么?

第2章
冰冻圈气候环境记录研究方法

冰冻圈气候环境记录研究的核心基础是冰冻圈各介质中相关指标的气候环境指示意义的确定和介质年代标尺的确立，即代用指标与定年。在任何介质中，如果建立了意义明确的气候环境代用指标，并且能够确立介质的年代时标，那么通过该代用指标就可以建立其所指示的气候环境信息随时间变化的序列，进而能够充分认识过去气候环境变化的历史，并为预测气候环境未来变化提供科学积累。本章将着重介绍冰冻圈各介质中气候环境代用指标的意义及其理论基础，同时介绍各介质的定年方法。

2.1　冰冻圈介质中的气候环境指标

2.1.1　古冰川

在地质历史时期，地球曾经历了数次规模较大的冰川作用，如前寒武纪冰期、石炭-二叠纪冰期及晚新生代冰期等。其中，发生在晚新生代的第四纪冰期，因距今时间比较近，各种古气候环境信息保存较好而备受关注，且研究程度也比较深入。第四纪冰川侵蚀与沉积遗迹记录了冰川的进退，反映了第四纪气候的重大变化，包含有重要的古气候环境变化信息，是研究古气候环境演变的重要介质之一。冰碛、漂砾和冰蚀地貌是冰川过去活动留下的直接证据，对认识冰川的活动历史具有重要意义，是研究古冰川和恢复古地理环境的重要依据。此外，利用冰碛物的新老关系可以确定第四纪冰期和间冰期的相对年代，利用冰碛物的绝对年代学研究可以确定第四纪冰期与间冰期发生的确切时间。研究冰川漂砾的分布以及冰碛垄所处的位置、规模大小等，能够很好地揭示古冰川发育的状况。在我国西部高山区古冰川曾普遍发育，冰川遗迹遍布，为古冰川作用与古气候环境重建研究提供了便利条件。

雪线（snowline）高度变化可以指示气温变化。雪线一词经常出现在冰川学及相关学科的文献中，但不同学者往往赋予其不同的定义，或各有所指。在冰川学上，雪线是指冰川表面上部积雪区/粒雪区与下部裸露冰面之间的分界线，因此就有瞬时雪线和粒雪线之分。瞬时雪线高度是指夏季不同时期在冰川表面上观测到的雪线高度，一般随着夏季气温的升高而逐渐升高，但也会随着夏季冰川上固态降水的发生而临时性降低，即具有日际波动性。一般将夏季末冰面上出现的最高雪线高度称为当年冰川的雪线高度。粒雪线是指消融期末在冰川上看到的粒雪（粒雪是指经过一个完整消融季还存在的雪）覆盖区与裸露冰面区之间的分界线。受天气过程的影响，在冰川表面看到的雪多为新近降雪而非粒雪，因此利用遥感方法得到的或实际观测到的现代冰川表面裸冰区和积雪区的分界线应多为雪线而非粒雪线。在冰川学上，如果没有特别说明，则雪线就是指消融季末冰川表面上部积雪覆盖区与下部裸露冰区的分界线，其高度与当年气候状况有关，具有气候学意义。冰川平衡线高度（equilibrium line altitude，ELA）是指在一个平衡年度内冰川物质平衡为零的等值线的海拔，即在一个平衡年度内冰川上物质积累量和物质消融量相等的线的高度。冰川平衡线将冰川分为上部积累区和下部消融区两部分。由于消融季末积累区多为积雪所覆盖，而消融区多为裸露冰区，因此在以往的研究中常把雪线当作平衡线的同义语。尽管二者不论在定义方面还是在海拔数值方面均具有一定的差别，但其年际或长期变化具有一致性，并均是气候变化的良好指标。现代冰川平衡线高度只能在冰川物质平衡观测的基础上通过计算来获得，而雪线高度可通过对冰川表面的直接观测和利用遥感方法获得。

关于古冰川平衡线高度（通常也称为古 ELA，以前的研究中多称为古雪线高度），冰川学家根据冰川发育和作用的状况发展了一系列研究和估计古 ELA 的方法。Porter（2001）总结了常用古雪线高度研究方法，包括积累区面积比率（accumulation-area ratio，AAR）法、侧碛最大高度（maximum elevation of lateral moraines，MELM）法、冰川作用阈值高度（glaciation threshold，GT）法、冰斗底部高度（cirque-floor altitude，CF）法、高程比率（altitude ratio，AR）法等。

AAR 法是假定冰川处于稳定状态时，其积累区面积占整个冰川面积的比率是一个确定的值，利用该值来确立冰川平衡线高度的方法。对现代冰川的大量研究结果表明，当冰川处于稳定状态时，其 AAR 值多介于 0.5～0.8（一般在 0.65 左右）。在利用 AAR 方法计算过去 ELA 时，需要知道古冰川的范围及其地形状况，这些需要利用冰川侧碛、漂砾和修剪线来确定。利用该方法估算某个古冰川 ELA 的具体步骤包括，先确立研究区冰川稳定状态时的 AAR 值（即物质平衡为零时的 AAR 值），再建立所研究古冰川的高程带累积冰川面积比率图，在该图上查找稳定状态时 AAR 值所对应的高程，此高程即古 ELA（图 2-1）。AAR 法是目前应用较广泛的古 ELA 估算方法。

MELM 法也称侧碛上限高度（upvalley limits of lateral moraines）法，是指利用山谷冰川侧碛向上游方向延伸的最高上限位置高度，近似代表侧碛形成时的冰川平衡线高度的方法。当一个冰川处于稳定（平衡）状态时，其侧碛的上限高度与平衡线位置相当，并且在该位置之下冰川的流动呈向下的扩散流动状态。如果古冰川的侧碛保存完好，那么其最高位置高程就可以近似代表其平衡线高度（图 2-2）。通常情况下，冰川消融区和冰碛物沉积区只存在或发生在雪线以下的位置，因此古冰川的平衡线高度应稍高于其侧碛垄的上限海拔。

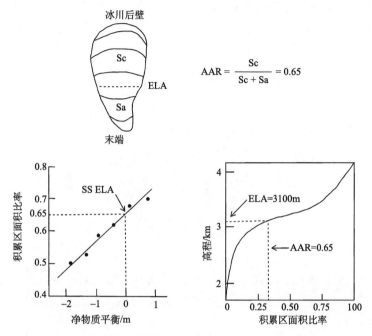

图 2-1 AAR 法确立古 ELA 的方法示意图（Porter，2001）

Sc 指冰川积累区面积；Sa 指冰川消融区面积

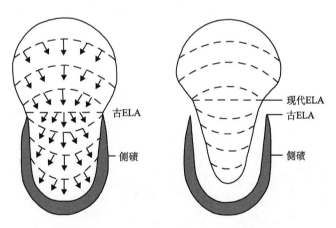

图 2-2 MELM 法确立古 ELA 的方法示意图

GT 法是指在所研究的山地区域内，利用该区域有冰川发育的最低山峰海拔与无冰川发育的最高山峰海拔的平均高程值，来确定该区域古雪线高度的方法（图 2-3）。该方法不适合独立山头的古雪线高度研究，而适合高大山系古雪线高度分布趋势的研究。通常在所研究的高大山系的不同区段，首先选定有多个山峰集中分布的相关区域（每个选定区域的空间经纬度范围一般为 7.5′×7.5′或等量大小，如纬度 45°时大约相当于 60 km²

的区域），然后利用该方法对所选定的不同区域进行古雪线高度重建，进而分析所研究山系古雪线高度的空间变化特征。相关研究认为，该方法估计的雪线高度高出平衡线实际高度 100～200 m。利用该方法进行古雪线高度重建时，要解决的核心问题就是要确定研究区域内哪些山峰存在古冰川作用（一些陡峻山峰往往不能发育冰川），哪些山峰不存在古冰川作用，而且这些古冰川作用是否同期。

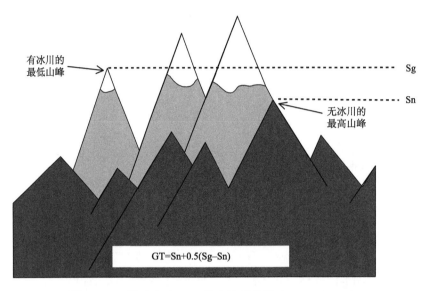

图 2-3　GT 法确立古 ELA 的方法示意图（Porter，2001）

Sg 表示有冰川发育的最低山峰海拔；Sn 表示无冰川发育的最高山峰海拔

CF 法是指利用冰斗底部平均高度近似指示平衡线高度的方法。然而，冰斗底部高度与平衡线高度之间不存在必然的联系。一般情况下，冰斗冰川的平衡线高度略高于冰斗底部高度，而冰斗-山谷型冰川或山谷冰川的平衡线高度要低于或远低于冰斗底部高度（图 2-4）。因此，应用冰斗底部高度法进行古雪线高度重建时，最好选择古冰斗型冰川。

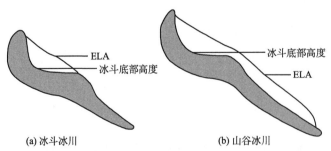

图 2-4　不同类型冰川冰斗底部高度与平衡线高度之间的关系

AR 法是基于冰川雪线高度在消融季末处于冰川末端和冰川源头之间位置的事实来进行雪线高度建立的（图 2-5）。冰川末端到冰川源头高度比率（toe-to-head altitude ratio，THAR，指平衡线高程与冰川末端高程之差值与冰川最高点高程与末端高程之差值的比率）的取值是该方法需要解决的最主要问题，因此该方法常被称作末端至冰斗后壁比率法（THAR 法）。如果 THAR 值为 0.5，那么估算的冰川平衡线高度就与冰川最高点和最低点的平均高度一致。由于山地冰川的最高点高度有时并不与该冰川积累区后壁山峰的最高点一致，为了简便计算，有人提出可以用所研究冰川上游区域内的最高山峰高度作为冰川后缘的最高点高度，并利用该高度与终碛垄高度之间的平均高度作为所研究冰川的雪线高度（terminal to summit altitude method，TSAM，即冰川末端与山顶高度平均值法）。THAR 的取值与冰川形态和冰川物质平衡的高度结构有关。一般认为，小冰川或无表碛覆盖冰川的 THAR 值多小于 0.5（介于 0.3～0.5），而表碛覆盖冰川及具有宽广积累区和窄小消融区的冰川的 THAR 值多大于 0.5（介于 0.6～0.8）。利用该方法进行古雪线高度重建时，一定要根据研究区古冰川的实际情况选择合适的 THAR 值。

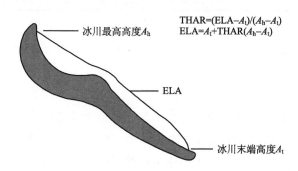

图 2-5 AR 法确立古 ELA 的方法示意图

通常进行古雪线高度重建时，单一使用上述方法，有时误差会较大，多种方法综合应用，相互验证，会增强重建结果的可靠性。

2.1.2 冰芯

冰芯是在冰川积累区（最理想的区域是冰川干雪带）利用钻机钻取的圆柱状冰雪样品。由于冰芯钻取地点位于积累区（新近降雪在表层，前期降雪位于下部，每年的降雪形成一个年层），因此对冰芯中每个年层样品的理化指标或生物指标进行分析，结合各指标（表 2-1）的气候环境意义，就可以重建过去气候环境的变化历史。事实上，也可以在冰帽或冰盖上，沿其低海拔的边缘向其高海拔的上部钻取系列冰芯，在保证每支冰芯绝对定年的基础上，对其按年代进行拼接和衔接，从而有效地利用冰川所储存的气候档案信息，研究不同时期气候环境变化的过程和规律。

表 2-1 冰芯中各种气候环境参数的代用指标

气候环境参数	主要代用指标
气温	$\delta^{18}O$、δD、融化层
降水量	净积累量

续表

气候环境参数	主要代用指标
大气化学成分（自然变化和人为影响）	CO_2、CH_4、N_2O 等气体含量，冰川化学
火山活动	火山灰、电导率（ECM）、SO_4^{2-}等
太阳活动	^{10}Be 等宇宙成因同位素
海冰范围	甲基磺酸浓度、海盐离子浓度等
大气环流状况	冰川化学成分（主要离子）、微粒粒径与浓度等
干旱区范围变化	微粒含量、陆源化学成分含量等
生物质燃烧	左旋葡聚糖（Levoglucosan）、烟灰、黑碳（BC）、K^+等
冰盖高程	气体含量
人类活动	Pb、Cu、Hg 等重金属，DDT 等持久性有机污染物（POPs），NH_4^+、SO_4^{2-}等相关的工业化无机产物，人为温室气体排放等

冰芯中$\delta^{18}O$是气温的一种代用指标。冰川冰通常是大气固态降水经过密实变质作用形成的，而大气中的水汽主要来源于海洋。全球海水的同位素构成几乎是一致的，即$H_2^{16}O$、$HD^{16}O$ 和 $H_2^{18}O$ 含量比值分别为 0.9977：0.0003：0.0020。由于重水的水汽压比普通水的水汽压稍低，因此重水分子不易蒸发，而易于凝结。正因为如此，水在蒸发、凝结的循环中，其稳定同位素组成就会发生变化。降水中氢、氧稳定同位素比率（δ 值）一般用它们相对于"标准平均大洋水"中重同位素浓度与轻同位素浓度比值的差值来表示。当源自海洋的气团向高纬或内陆移动时，其水汽中的重同位素随着降水的发生而逐渐脱离气团，剩余水汽中的$\delta^{18}O$ 或δD 就变得越来越偏负（Dansgaard，1964）。水汽只有在气团冷却时才会凝结，可见气温是影响降水中$\delta^{18}O$ 或δD 的一个重要因素。一般而言，洋面温度变化比高纬或内陆的气温变化相对要稳定一些，因此某一地点降水中$\delta^{18}O$ 或δD 的变化与当地降水发生时的气温有很大的相关性，是指示过去气温的良好指标。格陵兰地区降水中$\delta^{18}O$ 与温度关系的研究表明，温度每发生 1℃ 的变化对应降水中的$\delta^{18}O$ 会有 0.7‰的变化（图 2-6）。

冰芯净积累量是降水量的一种代用指标。冰川是大气降水的天然接收器。一般情况下，在海拔较高的冰川积累区，其降水主要以固态形式（雪、雹等）发生。这样，如果不存在物质损失（如升华、风吹雪等），那么记录在冰芯中的年净积累量就能够真实地反映年降水量状况。但事实上，提取冰芯时，所选取冰川的形态（山谷冰川、冰帽或冰盖）、钻孔所处的位置（位于不同的成冰带）等均不尽相同，这些因素会影响冰芯净积累量作为实际降水量的代表性。一般而言，冰川上的降雪物质总量往往受到融化、蒸发及升华等物质损耗过程的影响，导致净积累量小于总积累量。不过，如果冰芯钻取位置位于冰川的冷渗浸-重结晶带，那么由于影响物质损耗的主要过程（消融过程）较弱，冰芯净积累量与总积累量接近，从而使得净积累量能够比较准确地指示降水量状况。例如，喜马拉雅山达索普冰芯钻取的位置就处于冷渗浸-重结晶带，其净积累量记录可以很好地反映降水量的变化。根据冰芯物理、化学参数等的季节变化特征进行年层划分，首先获得的只是年层厚度记录，要将其转换为净积累量记录，还必须考虑冰川流动引起的年层厚度减薄等方面的校正问题。

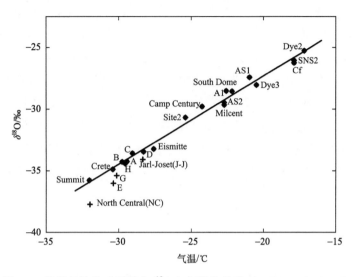

图 2-6   格陵兰冰盖表层雪中 $\delta^{18}O$ 与气温的关系（Dansgaard，2004）

冰芯中的重金属、黑碳、硫酸盐、硝酸盐等成分是指示人类活动对环境影响的重要指标。人类工业、采矿、冶金等活动所排放的上述污染物质进入大气后，大气环流可将其传输至远离排放源的极地或高海拔冰川区域，并沉降（干/湿沉降过程）在冰川表面，最终成为冰川雪冰化学的组成成分。由于这些物质在自然界中的本底值很低，因此冰芯记录中这些污染物成分含量的明显增加，就指示了人类活动对环境的影响过程与程度。冰芯中通常检测的重金属元素主要包括 Pb、Hg、Sb、Cr、Cd、Co、Ni、Cu、Zn、Sn 等，其中，Pb 主要与含铅汽油的使用相关，Hg、Cr、Cd、Cu、Zn 等成分主要与金属冶炼活动等有关。黑碳是碳质燃料在不完全燃烧过程中产生的含碳颗粒物成分，包括有机碳（OC）和元素碳（EC）。森林或苔原火灾等自然现象会排放部分黑碳，是大气中黑碳的重要自然来源之一；然而，煤和石油等化石燃料燃烧的人为源排放，自工业化以来具有广泛性和持续性，已成为当今大气环境中黑碳的主要来源。硫酸盐和硝酸盐等成分则主要来自化石燃料和化肥的生产和使用，是形成酸雨的重要物质来源；尽管火山活动、太阳活动等自然现象也是硫酸盐和硝酸盐的重要自然来源，但工业革命以来人类活动已导致这些成分含量数倍增长。分析冰芯中这些成分含量的变化，不仅能够指示人类活动排放的变化，也能够为相关减排与应对政策的制定提供科学支撑。

左旋葡聚糖是生物质燃烧的代用指标。以左旋葡聚糖及其同分异构体半乳聚糖（Galactosan）和甘露聚糖（Mannosan）为主要成分的脱水单糖，仅产生于植物体的纤维素和半纤维素类物质在燃烧温度高于 300℃时的热裂解过程中，而煤和石油等化石燃料的燃烧以及纤维素的热解和水解过程则不会产生这些脱水单糖。左旋葡聚糖在自然界中占脱水单糖总量的90%以上，具有释放量大、来源唯一、在全球分布广泛等特点，且在大多数环境条件下（如高温高湿）具有极强的稳定性，因此能够作为环境介质中指示生物质燃烧排放的重要分子标志物。对雪坑剖面和浅冰芯的观测研究结果表明，冰雪中的左旋葡聚糖记录能够很好地指示生物质燃烧的季节变化规律，同时左旋葡聚糖极值也能够指示一些极强的火灾事件。所以，借助冰芯中记录的左旋葡聚糖可以开展森林和草原火灾等富含纤维素的生物质燃烧变化历史信息的研究，有助于增强人们对不同历史时期生物质燃烧变化特征及其影响因素的理解。

冰芯中微生物数量及种群特征可以帮助揭示冰川形成过程中气候和生态环境的变化。目前被发现的冰芯微生物主要包括细菌、古菌、病毒、藻类和真菌，其中细菌的数量最多。冰芯中微生物丰度和群落组成的变化与温度、陆源粉尘输入量、海源离子等多因素相关，可用作冰芯气候环境变化研究的新指标。

2.1.3　多年冻土

多年冻土作为寒冷气候条件的产物，除其温度、活动层厚度等的变化外，指示其存在的各种环境、地貌与动植物等指标的变化均可反映过去气候环境的变化。过去多年冻土作用地区遗留的冷生楔状构造、古冻胀丘（冰皋遗迹）、热融洼地以及冻融褶皱等古冻土遗迹，是利用冻土进行古气候环境重建的重要基础。

土楔、砂楔、冰楔、冰楔假形（也称为化石冰楔）等冷生楔状构造是确定冻土存在的可靠地层地貌标志。一般而言，岩性粒度越粗、含水量越少，形成土楔与冰楔时的地温就越低。细粒土（亚黏土、黏土、淤泥和泥炭）中土楔在地温为-2.0～-1.0℃时即可形成，而冰楔形成需要地温在-5.0～-4.0℃；在粗粒土（中粗砂及砂砾石）中形成土楔需-5.0～-3.0℃的地温，形成冰楔需要-6.0～-4.0℃或更低的地温。根据楔状构造形成的这些气候条件，就可以推断这些构造遗迹存在地区在其发育时期的气候和地表环境状况。

多年生冻胀丘是多年冻土地区常见的一种地貌形态。它是土壤冻结作用、地下水或土壤水分迁移并冻结导致的地下冰积聚，从而使地表隆起形成的丘状地形。冻胀丘按其存在时间分为季节性冻胀丘和多年生冻胀丘。多年生冻胀丘也是判定多年冻土存在的重要和可靠标志。多年生冻胀丘按照形成机理的不同，可以分为泥炭丘、冰土丘和冰核丘（冰皋）。泥炭丘一般发育在多年冻土区边缘地带内，处于岛状多年冻土区，按照高纬地区岛状多年冻土发育条件，年平均气温在-6～-3℃。冰土丘形成机理与泥炭丘相似，在中高纬地区对冰土丘及其遗迹的研究表明，其发育在年平均气温为-6～-3℃且最暖月气温不超过7～10℃的地区。按照补水条件，冰核丘还可划分为封闭系统和开放系统两类。封闭型冰核丘发育在连续多年冻土区内，年平均气温低于-8～-6℃；而开放型冰核丘可发育在不连续多年冻土区，要求年平均气温低于–3℃。据此就可以判定古冻胀丘存在地区在其发育时期的气候状况。

与冰芯、树轮、黄土、石笋、湖泊和深海沉积等气候信息载体相比，利用多年冻土进行古气候环境变化信息重建具有一定的局限性。第一，各类冰缘现象只反映单一气候事件，并不能揭示在时间上连续的气候变化信息，在古气候环境记录研究中处于从属地位。第二，大部分多年冻土属于后生型多年冻土，其地层年代大于其中包含的各冰缘现象的形成时间，对于各冰缘现象的精确定年很困难，即使是共生型多年冻土，由于活动层的存在，准确定年也有很大困难。很多情况下，只能根据地层关系结合测年数据大致推定其时代。第三，各种冰缘现象除了受气候条件的影响，还与其保存环境关系密切，如岩性、地形、水分条件、地面积雪和植被状态等因素，导致各冰缘现象分布规律比较复杂，影响了其代表的气候特征阈值的总结和归纳。第四，受多种因素的影响，各类冰缘现象在外观形态上没有固定范式，在野外识别时，往往存在张冠李戴或难以辨别的情况，造成解读失真。然而，由于冻土分布区域很广，且在很多没有冰川发育的地区也广泛存在，因此（古）多年冻土中的气候信息研究是过去全球气候环境变化研究的重要补充，特别是在冰冻圈演化历史研究中不可或缺。值得指出的是，冰冻圈其他介质多从微观尺度利用代用指标来反映过去气候环境变化，其解译存在多解性或不确定性，需要直接证据佐证。多年冻土中的气候环境信息是保存在地层中的气候变化的直接宏观证据，是冰冻圈气候环境记录的重要补充与佐证。另外，鉴于多年冻土在冰冻圈环境中的重要作用，通过对冻土演化历史复原，可以更好地理解冰冻圈的长期变化过程与趋势及其对气候与环境的影响。

由于各类冰缘现象形成机制复杂，虽然已经展开了广泛研究，但对其气候指标提取还不是很充分。首先，一些冰缘现象所反映的气候阈值范围过大，气候意义不太明确；其次，局地因素影响比较突出，有些冰缘现象气候指示意义的地区适应性比较差。目前，大多数冰缘现象的气候信息均来自高纬现代多年冻土区的总结，其结论对中高纬度的古冻土和古气候研究的适用性还没有合理的评价，尤其对第三极地区大面积的高海拔多年冻土以及中低纬度的高山高原和山地多年冻土来说，气候特征、地层条件均存在巨大差异，其适用性更加需要深入探讨和仔细甄别。

2.1.4　冰冻圈树木年轮

树木年轮记录具有定年准确、分辨率高、连续性好、对环境变化敏感和分布广泛等特点，因此树轮年代学已成为研究自然环境过程和人类活动影响下环境变迁的重要手段之一。树木年轮反映气候环境变化的主要指标有树轮宽度、密度、稳定同位素比率等。基于不同区域的树轮样本，利用这些指标可以重建研究区域温度和降水的长期变化历史，也可以重建研究区域冰川进退、积雪变化、森林虫害、滑坡、飓风等环境变化信息。

树轮冰川学（dendroglaciology）是一门利用树木年轮代用资料来研究过去冰川变化的学科，与树轮气候学、树轮生态学等一样，属于树轮年代学的分支学科。通过测定历史时期冰川进退遗迹的树木年代，依据冰川末端森林更新之间的动态交互关系，重建过去几百年甚至上千年的冰川变化历史。树轮冰川学主要针对冰川变化的两个方面，一个是冰川的物质平衡变化，另一个是确定冰川末端的进退变化历史。虽然都是利用树木年轮开展研究，但是这两个方面基于的原理却完全不同。在物质平衡方面，冰川的物质积累和消融是其根本物理基础。通常情况下，温度和降水决定了冰川物质消融量和积累量的多少。而树木年轮宽度、密度、稳定同位素比率等理化指标，在树木形成层细胞分裂的气候限制效应、树轮稳定同位素的温度或降水量效应等的作用下，可以反映树木与冰川共同存在区域的温度或降水的变化。如果树木年轮记录的温度或降水变化，恰好与冰川物质积累或消融的关键季节对应，那么树木年轮可以很好地反映冰川的物质平衡变化。但是，在冰川末端进退变化方面，则主要依据冰川和森林的动态交互关系。当冰川前进时，其前进路径上的树木可能被摧毁或受到伤害。当冰川处于稳定状态时，其携带的冰碛物会在冰川末端沉积形成冰碛垄。冰川后退时，树木又会生长到冰碛垄上。通过采集这些树木的年轮样品，利用精确的交叉定年技术，可以确定树木受伤或死亡的时间、树木的树龄，同时考虑冰碛垄上各树种的定居时间，进而推断冰川末端前进或后退的时间。

　　在树木生长过程中，年轮的宽窄变化主要取决于气候和周围环境因子的变化（图2-7），通过量测年轮宽度的变化序列可以推测气候环境变化历史。一般情况下，每个年轮包括早材和晚材两部分。早材细胞直径大、细胞壁薄、颜色浅；而晚材细胞直径小、细胞壁厚、颜色深。对每一年轮来说，细胞的直径大小、细胞壁厚薄和分裂速度均受当年外界环境因子的影响和支配。基于此，可以通过分析年轮细胞直径和细胞壁厚度的变化来探讨树木生长的气候环境变化及其驱动因子。年轮密度在研究气候要素的年内变化（如季节变化、极端气候事件）方面具有优势。树轮的木质部分主要由碳、氧和氢元素组成，它们均含有可测的稳定性同位素，其比率在一定程度上取决于温度、降水等环境因子的变化。树轮稳定同位素（碳、氢、氧和氮）比率作为一种灵敏的指示器，记录了树木生长过程中同位素分馏过程对气候环境变化的生理响应。气候因子（温度、湿度和光照等）和大气成分（大气 CO_2 浓度和污染物浓度等）通过影响植物叶片的气孔导度，进而影响植物的光合作用同化效率和植物纤维素稳定碳同位素分馏程度及最终比率。树轮稳定碳同位素比率（$\delta^{13}C$）主要反映树木叶片气孔导度和光合速率之间的平衡，在较干旱的地区主要受到大气相对湿度和土壤水分状况的影响，而在相对湿润的地区则与生长季辐射和温度等因子有关。氧和氢稳定同位素比率（$\delta^{18}O$ 和 δD）主要记录水源的变化，包括降水所携带的温度信号以及和叶片蒸腾效应相关的环境湿度信号。树轮 δD 和 $\delta^{18}O$ 分馏机制的关键过程基本相同，但在特定气候环境条件下各分馏过程对最终年轮氢、氧稳定同位素比率变化的贡献存在差异。

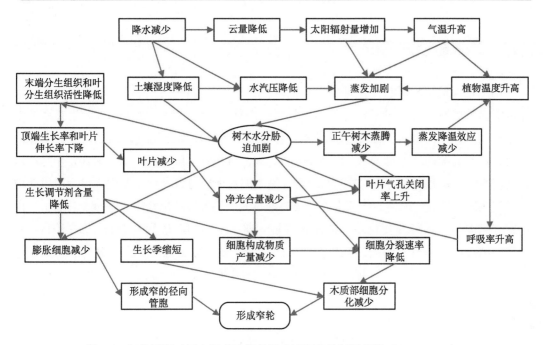

图 2-7　气候要素对树木径向生长的影响过程和机制框架图（Fritts, 1976）

利用树轮指标进行气候环境变化研究需遵循以下基本原理：均一性原理、限制因子原理、交叉定年原理、标准化原理、敏感性原理和复本原理等。均一性原理在树轮研究中是指现今树木生长过程和环境因子之间的物理、生物过程关系在过去一直存在，根据现今树轮特征反映的环境状况可以推断过去树轮变化特征所反映的环境信息。限制因子原理通常表述一种生物的生物学过程和变化速度都不可能超过主要限制因子所允许的程度。某一区域树木生长的主要限制因子会导致较大范围内多数树木的年轮或者其他特征以同一种方式变化。交叉定年原理是年轮分析中的重要原理，也是年轮测量的重要步骤和不可缺少的方法。其目的是为每一个年轮确定出其形成的准确年代，分辨真假，定出伪轮、断轮和缺轮等变异轮的序号所对应的年代。为了利用年轮变化准确得到外部环境对树木生长的影响，必须采用一定的统计方法去除树木内在生长趋势，使得标准化后的树木生长曲线尽可能多地反映外部气候环境信息。这在树轮气候学上称为标准化原理。最常用的拟合树木生长曲线有负指数函数拟合、双曲线函数拟合、幂函数拟合以及样条函数拟合等。敏感性原理是指年轮宽度变化对气候变化高度敏感，一般用平均敏感度表示。当敏感度值大时，气候因子限制作用会很显著。复本量原理是指单株树木所含的环境信息由于树木的个体差异，偶然性会很大，只有样本量达到一定数量后，才能确保年轮记录信息的可靠性。通过大量样本的采样和分析，取其样本参数最好的序列，取其均值，消除非气候噪声干扰，以取得最佳的年表值。

2.1.5　冰冻圈湖泊沉积

　　湖泊是陆地上相对封闭洼地中蓄积的水体。湖泊在接纳大气降水、地下水与地表河流水汇入的同时，也接纳了随之汇入的物质。湖盆中接纳的这些物质和湖泊生态系统中产生的物质，在湖底会不断地沉降积累，将区域气候环境变化和湖泊系统自身的变化信息封存在其底部的沉积物中。在自然条件下，湖泊沉积物一般包括两部分来源，一是流水侵蚀、携带或风力搬运而来的外源组分，二是湖泊水体自身各种化学及生物过程产生的内生沉淀物质。湖泊沉积物的外源组分主要与湖盆流域的地质环境与地表环境变化有关，内源组分主要与气候环境变化引起的湖泊环境、湖泊生物和湖泊水动力条件的变化有关。

　　与冰冻圈过程有关的湖泊统称为冰冻圈湖泊，如与冻土融化过程有关的热融湖，与冰川作用有关的冰川湖，等等。目前，通过冰冻圈湖泊沉积开展过去气候环境变化研究或冰冻圈过程变化研究的湖泊多为冰川湖（尤其是冰前湖）。广义的冰前湖包括与冰川边缘接触的湖泊和主要受冰川融水补给的湖泊（图2-8）。狭义的冰前湖（proglacial lake）是指冰川末端融化退缩后，在冰川前方与冰川接触的湖泊，或距离冰川新末端较近的地方形成的以上游冰川融水为主要补给的湖泊，包括冰前侵蚀凹地湖和终碛阻塞湖。冰前湖上游冰川的融化强度（消融退缩程度）直接影响湖区的水文条件（水量、水温、水质等）及沉积系统的发育状况，造成沉积物的物理、化学和生物参数发生变化（图2-9）。反过来，利用这些参数的变化就可以恢复冰前湖上游冰川变化与湖泊环境变化的信息。一些分布在冰冻圈区域的湖泊，其沉积记录所反映的气候环境变化对研究冰冻圈演化具有重要的意义。

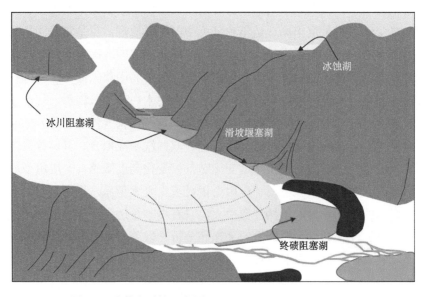

图 2-8　冰前湖系统示意图（Tweed and Carrivick, 2015）

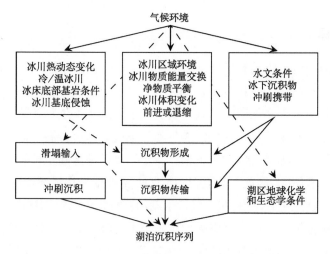

图 2-9　冰前湖沉积系统框架图

湖泊沉积气候环境记录研究中常用的代用指标包括三类，即物理指标、化学指标和生物指标。这些指标也适用于冰冻圈湖泊沉积记录的研究，但应用时要对其指代的气候环境信息做具体分析。

1. 物理指标

物理指标主要有沉积物的沉积速率、颗粒大小和结构（粒度）组成、沉积物磁性参数（磁化率）等。其中，沉积物的沉积速率可以反映湖泊中物质输入的多少，与入湖水量和物质搬运强度密切相关。例如，在冰川湖区，冰川融水量越大，携带的物质就越多，湖泊沉积物的沉积速率就越高；反之亦然。同时，在冰川前进过程中，底部对基岩的侵蚀作用同样可以为冰湖带来较高的沉积速率。

沉积物的粒度可以反映湖泊的水动力条件，进而反映区域气候环境变化过程。研究表明，湖水越深，水动力越弱。因此，理想的沉积模式下，从湖岸到湖心，沉积物粒径逐渐变细。对于青藏高原和北极湖泊来说，水动力条件除了受降水影响外，还在很大程度上受到温度变化引起的冰川融水的影响。

沉积物中磁性参数的变化反映了磁性矿物的种类、含量和颗粒大小等信息。一般湖泊沉积物中的磁性矿物成分主要来自其流域盆地内部的地表物质，其中大部分磁性矿物的最后形成取决于沉积后的自生环境。暖湿环境有利于磁性矿物的形成与聚集，冷干环境则会使得强磁性矿物向弱磁性矿物、磁性矿物向非磁性矿物转化。因此，湖泊沉积物的磁性参数可以指示气候环境的变化信息。在以冰川融水为主要补给来源的湖泊中，其沉积物的输入自然主要受冰川变化的影响，其磁化率变化特征也就可以用来反映冰川与环境的变化信息。

2. 化学指标

化学指标主要有沉积物的有机质含量、有机碳同位素、内生矿物、元素含量及比值、有机化合物等。沉积物中的有机物质,如总有机碳(TOC)、总氮(TN)等的含量是湖泊内源和外源有机质输入和保留的反映,其变化主要受水生生物及陆源植被发育状况的影响。对水生生物(水生植物、内生浮游生物、细菌)而言,温度被认为是其在湖盆中形成和发育的主要影响因素。而对于干旱、半干旱高原地区陆生植被来说,温度和降水对植被发育状况均有影响。因此,湖泊沉积物 TOC 常被用来指示环境温度或降水量变化。沉积物 C/N 值为 TOC 与 TN 的比值,可指示湖泊沉积物中有机物质内外来源。C/N 值为 4~8,通常指示湖泊沉积物中的有机碳物质来源于内源藻类等;C/N 值大于 20,通常指示湖泊沉积物中有机碳物质来源于陆生高等维管束植物。另外,湖泊生产率的增加(或降低)会引起湖泊沉积物有机碳同位素($\delta^{13}C_{org}$)的升高(或减小);因此,沉积物有机碳同位素($\delta^{13}C_{org}$)在反映湖泊沉积物中有机质来源和过去生态系统的生产力水平等方面有较好的应用。

湖泊沉积研究中,常用的碳酸盐矿物有方解石、高镁方解石、文石、白云石和菱镁矿等。沉积物元素含量变化分析能够揭示气候环境变化影响下的沉积物来源的变化,如沉积物中 Si 包含自生和外源两种可能的来源。生物硅(biogenic silica)绝大部分来自湖泊水体硅藻壳的沉积,可广泛用于揭示湖泊生产力和古环境变化。又如,沉积物中 Ti 和 Al 等元素是典型的外源输入物质,据此可以恢复湖泊过去外源物质的输入情况,一定程度上可以反映降水量的变化,在冰川湖中则可能反映湖区上游冰川的融化强度和前进状况。一些元素由于化学性质的差异,其比值常具有一定的环境意义,如 Fe/Mn 值对湖泊的氧化还原条件比较敏感,可用来指示湖泊水深的相对变化,进而指示区域气候和环境的变化。

有机化合物多数是脂类,不易被微生物降解,能够较好地记录湖泊有机物的沉积历史。目前,古气候环境重建中常用的生物有机标志化合物主要有正构烷烃及其单体碳和氢稳定同位素(n-alkane、$\delta^{13}C_{n-alkane}$ 和 δD_{wax})、长链烯酮(long-chain alkenones,LCAs)和甘油二烷基甘油四醚类脂(glycerol dialkyl glycerol tetraethers,GDGTs)等。正构烷烃是分子结构最简单的一种类脂化合物,由碳(C)和氢(H)两种元素组成,在迁移、沉积、埋藏过程中非常稳定,不易被降解。湖泊沉积物中正构烷烃的碳链变化及其单体碳稳定同位素可以用来指示研究区内的植被变化及其对气候变化的响应。例如,由于 C_3 和 C_4 植物碳稳定同位素比率不同,可以利用正构烷烃单体碳稳定同位素变化来重建某区域 C_3 和 C_4 植被组成,进而反映区域气候环境变化。由于陆生植物来源的正构烷烃单体氢稳定同位素比率(δD_{wax})与大气降水中氢稳定同位素比率(δD_p)具有较好相关性,δD_{wax} 可用作 δD_p 的替代指标,是重建古温度和古高度的良好指标,该应用的前提是叶蜡正构烷烃单体氢稳定同位素与大气降水氢稳定同位素分馏关系(ε_{wax-p})稳定。除陆源正构烷烃氢稳定同位素外，一些研究还表明水生生物来源的中、短碳链正构烷烃单体氢稳定同位素比率与湖水氢稳定同位素比率具有较好的相关性，是湖水氢稳定同位素的有效代用指标，可以用来反映湖泊水源补给组成及区域气候环境变化。

长链烯酮是由湖泊中的一种叫定鞭金藻纲藻类合成的碳数范围为 $C_{37}\sim C_{39}$ 且具有 $2\sim 4$ 个不饱和键的有机化合物，对环境因子，如温度和盐度响应敏感。培养实验表明，长链烯酮的不饱和度随着生长环境温度的变化而变化，且不受碳酸盐溶解作用、沉积作用、氧化作用及烯酮丰度等因素的影响，这些特点使长链烯酮不饱和度（U_{37}^k 或 $U_{37}^{k'}$）成为古气候研究的重要生物替代指标。应用 U_{37}^k 或 $U_{37}^{k'}$ 指标进行古气候定量重建的前提是建立该指标与气候环境要素之间的转换方程。由于不同湖泊之间理化参数的差异巨大，以及烯酮母源藻类的多样性与复杂性，湖泊沉积物中长链烯酮的分布模式也呈现多样化，因此建立的 U_{37}^k 或 $U_{37}^{k'}$ 与温度的对应转换方程具有区域性，而在全球范围内并不具有普适性。目前，该指标已被逐渐应用到青藏高原湖泊古气候重建中。

甘油二烷基甘油四醚类脂的研究主要包括类异戊二烯 $GDGT_S$ 和支链 $GDGT_S$ 两部分。类异戊二烯 $GDGT_S$ 是一种由古菌合成的细胞膜脂，常被用来重建湖泊表层的温度、检测湖泊中外源有机质的输入。支链 $GDGT_S$ 由厌氧土壤细菌代谢产生，常被用来重建古环境的温度及 pH。

3. 生物指标

生物指标主要有孢粉、硅藻、介形虫、植物硅体、动植物化石等。孢粉（孢子和花粉）是古气候与环境研究中常用的代用指标。自然界中孢子和花粉具有数量大、体积小、易于搬运和保存时间久等特点。植物开花后，孢粉在风力和水流等作用下会汇入湖盆，随之沉降至沉积物中得以保存。利用显微镜对沉积物（岩）中的种子植物的花粉粒、高等孢子植物的孢子以及微型植物（藻类）进行分析，就能够恢复其沉积时的植被和气候状况。介形虫、硅藻和摇蚊等水生动植物的壳体或头囊会沉降在沉积物中得以保存，通过化石样品分析获取地质历史时期种属组合也可以重建古环境。

冰前湖中同层位沉积物的孢粉年龄与沉积年龄的差值可以用来反映冰川融化强度的变化。其基本原理是：孢粉通过大气干、湿沉降落到冰川积累区（图 2-10），伴随粒雪成冰作用被固结到冰川冰中；随着冰川的缓慢流动，历经数百年、数千年甚至上万年，这些孢粉逐渐变成储存在消融区老冰之中的老孢粉；在消融区，老冰融化将这些老孢粉释放到冰前湖沉积物中，从而导致同层位沉积物的孢粉年龄与沉积年龄间存在差值；老冰融化越多越强，释放的老孢粉就越多越老，该年龄差值也就越大，表明冰川的融化强度越强，反之亦然。

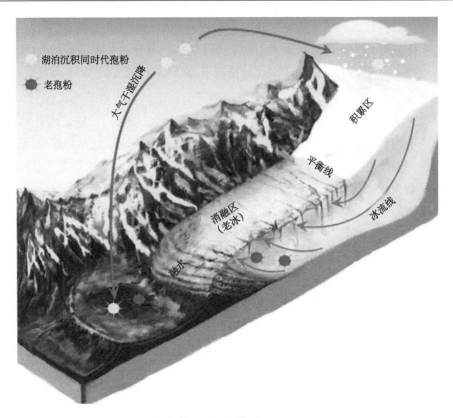

图 2-10　冰前湖孢粉沉积概念模型（Zhang et al.，2017）

2.1.6　钻孔温度

在冰川和冻土分布地区，可通过钻孔温度来重建过去的温度变化（图 2-11）。由于地球表面温度波动向下传播，温度波动幅度随深度增加呈指数衰减，短期振荡（如日变化和季节变化）比长期振荡随深度增加衰减更快。随深度增加，钻孔温度逐渐记录了表面温度更长期的变化趋势。

设 $T(z, t_1)$ 为 t_1 时刻从地表到深度 z 间的温度剖面，则其测量值可用来重建时间区间 $[t_0, t_1]$ 内的地表温度变化。在稳态条件下，假设具有常数导热系数，则地表下温度剖面是线性的。由 Fourier 公式有

$$Q = -K\Gamma_0 \tag{2-1}$$

式中，Q 为地球内部所产生的地热通量；K 为导热系数；Γ_0 为地温梯度。钻孔温度可以记录地表温度变化的一个简单例子，可从图 2-12 所示的地面温度突然升高或下降引起的地温剖面变化得以说明。温度剖面由深处热流 Q 和导热率 K 控制，由其线性部分到表面 z_0 的延拓可推断出 t_0 时刻地表温度 $T(z_0)$。当温度变化 $\Delta T(z)$ 时，偏离线性部分的温度剖面测量结果 $T(z)$ 就代表了地温在 t_0 之前的长期稳定值 $T(z_0)$ 对近期地表变暖或

者变冷的温度响应，称为瞬时温度。这种对稳态地温的偏离（即瞬时温度）被钻孔温度剖面所记录。

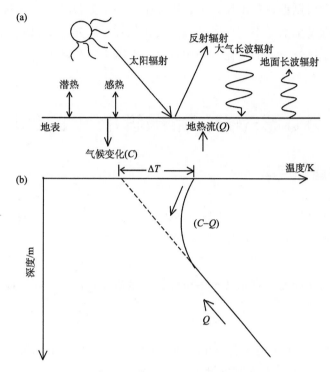

图 2-11 影响地温随深度变化的主要因素与地温剖面
（a）地表能量平衡各分量；（b）地温随深度变化示意图

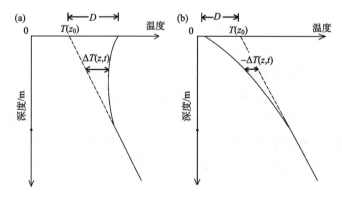

图 2-12 地面温度变化对地温分布剖面的影响
（a）地面温度阶梯上升；（b）地面温度阶梯下降

Horatio Scott Carslaw 和 John Conrad Jaeger 给出了瞬时地温变化的一维热传导公式：

$$\rho c \frac{\partial \Delta T}{\partial t} = \frac{\partial}{\partial z}\left(K \frac{\partial \Delta T}{\partial z}\right) \tag{2-2}$$

式中，z 为深度；t 为时间；$\Delta T(z,t)$ 为瞬时地温；ρ 为土壤密度；c 为土壤热容量；K 为导热系数。式（2-2）是利用钻孔温度重建气候变化的基础数学模型。

钻孔温度记录可以重建数十年、数百年、千年乃至更长时间尺度的温度变化历史。目前已利用钻孔温度记录对不同地区的温度变化进行了研究，如利用格陵兰冰芯钻孔温度已成功地重建了过去气温的变化，利用青藏高原冻土钻孔温度进行了地表温度变化的重建，等等。

2.2　冰冻圈气候环境记录研究介质的定年方法

2.2.1　古冰川遗迹定年

古冰川遗迹包括地质年代久远的前寒武纪和石炭二叠纪冰川作用留下的遗迹，以及距今年代较近的晚新生代冰川作用留下的遗迹等。这里以距今最近的第四纪冰川遗迹研究为例，对其常用的测年方法，如 ^{14}C 测年法、地衣测年法、电子自旋共振测年法、释光（包括热释光与光释光）测年法和宇宙成因核素暴露年代法等，予以简要阐述。

1. ^{14}C 测年法

^{14}C 测年法最早是由美国学者 Willard Frank Libby 于 1946 年首先提出的，1949 年他采用液闪仪测定 ^{14}C/^{12}C，发表第一批 ^{14}C 年代测定报告，宣告该测年法的成功。^{14}C 半衰期为 5.73 ± 0.03 ka，因此其测年的理论上限为 50 ka。20 世纪 70 年代末基于加速器发展起来的 AMS^{14}C 测年还具有用样量少、灵敏度高、测定上限增大、相对误差小、测量时间短等优点。经过多年的发展，^{14}C 测年法成为第四纪年代学中最成熟的测年方法。其基本测年原理是生物体死亡之后停止与大气中的 ^{14}CO$_2$ 交换，计时开始。^{14}C 测年法能够用于冰川沉积物埋藏年代测年，但适合 ^{14}C 测年的生物材料在冰川沉积中比较难找到，尤其是在极大陆型冰川和大陆型冰川区，由于海拔较高、气温低甚或降水稀少，所以周围环境中生物量很小，在沉积物中就更难找到测年材料（有机质）。在海洋型冰川区偶尔能在冰川沉积中找到残遗木或朽木或一些黑色的、富含有机质的泥炭沉积。除此之外，科学家正在尝试利用冰碛表面次生的无机 ^{14}C（钙膜）进行年代测定。

2. 地衣测年法

地衣测年法被认为是测定新近冰川与冰缘沉积物年龄的一种简捷而有效的方法。通常，冰川退缩或冰碛沉积后，地衣等一些先锋低等植物能很快地生长并定居下来。地衣测年法主要是通过测量冰碛物或基岩上生长的地衣直径及其生长速率来测算冰川退缩或冰碛沉积年龄。Chen（1989）对天山乌鲁木齐河源区一号冰川外围 3 道新鲜且形态清晰的冰碛垄进行了地衣测年，它们分别形成于 1538 ± 20 年、1777 ± 20 年和 1871 ± 20 年。地衣测年法也有其局限性。首先是地衣生长和岩石暴露存在一个时间差；其次是样方的选取，最大地衣直径的量取等会因人而异；再次是地衣生长受到温度与降水的影响比较大，且在早期、中期与晚期的生长速率有较大的差异。这些都将影响与限制该方法的广泛应用。该方法多限于对近几百年形成的冰川遗迹进行定年。

3. 电子自旋共振测年法

电子自旋共振（electron spin resonance，ESR），也称为电子顺磁共振（electron paramagnetic resonance，EPR），它是一种微波吸收技术，是直接检测和研究含有未成对电子的顺磁性物质的现代分析测年方法。电子自旋共振现象是由 Evgenii Konstantinovich Zavoisky 于 1945 年发现的，并在物理、化学、材料科学、生物科学和环境科学研究中得到了广泛应用。随后，Zeller 根据样品所吸收的自然辐照剂量来推算样品形成年代，从而提出了 ESR 测年法。20 世纪 70 年代，Ikeya 成功将 ESR 测年法应用于洞穴沉积物的年代测定，并引起了世界范围地学领域学者们的关注，故 1975 年可视为 ESR 测年真正意义上的起始年。我国学者从 20 世纪 70 年代末开始研究 ESR 测年法，80 年代以来该方法得到了较快的发展。

ESR 测年法可以测定沉积物最后一次埋藏事件以来的时间，即样品的埋藏年龄。与其他测年法相比，其优势为：①测年范围广，从千年至数百万年，可有效地覆盖整个第四纪；②可测试样品的种类多，包括各种沉积盐类（石膏、方解石）、断层泥、含有石英的三大类岩石沉积、动物的有机残体（骨头、牙齿等）等；③测量是非破坏性的，样品可以被反复使用；④样品预处理比较简单且大多可在室温条件下进行，测量速度快，且周期相对较短。

从目前第四纪沉积物的 ESR 测年应用来看，用于测年的矿物多为含有数种测年信号的石英。石英广泛存在于三大类岩石中，是 ESR 测年的首选矿物。沉积物中的石英矿物在沉积环境中普遍存在的 U、Th、K 等放射性元素衰变所产生的 α、β、γ 和宇宙射线辐照下，形成自由电子和空穴心。这些自由电子能被矿物颗粒中的杂质元素（Ge、Ti、Al 等）与晶格缺陷（原先存在的晶格缺陷或者由辐射产生的晶格缺陷）捕获而形成杂质心与缺陷中心，缺少电子的空穴形成空穴心。这些杂质心与空穴心都是顺磁性的，称为顺磁中心。石英被埋藏后，顺磁中心在达到饱和之前随着时间的增加逐渐地积累。

ESR 测年法是通过测定顺磁中心信号强度从而达到测定沉积物年龄的目的。顺磁中心的数量与矿物颗粒自沉积以来所接受的总辐射剂量成正比，只要测出沉积物中矿物颗粒所接受的等效剂量（equivalent dose，D_e，单位：Gy），并测出样品所在的沉积环境中的年剂量率（dose rate，D，单位：Gy / ka），就可以算出样品的年龄（A）：

$$A = \frac{D_e}{D} \tag{2-3}$$

冰冻圈环境比较特殊，冰川沉积中常常缺乏可以用于测年的材料，从而限制了第四纪冰川沉积年代的确定。Henry P. Schwarcz 在 1994 年提出 ESR 测年法可用于冰碛物年龄的测定。同时，国内一些研究人员开始运用 ESR 测年法[选用石英矿物中杂质心（Ge、Ti、Al）作为测年信号]对冰碛物进行年代学的尝试，并获取了部分第四纪冰川的年代数据。这种方法还在发展中，目前仍需要对这些杂质心的寿命、回零机制、信号残留等进行深入探讨，以便该测年法在第四纪冰川研究中得到更广泛的应用。

4. 释光测年法

释光测年法包括热释光（thermoluminescence，TL）测年法和光释光（optically stimulatied luminescence，OSL）测年法。这两种释光测年法的基本原理相同，但激发机制不同，前者是对测定矿物进行加热，使矿物中积累的电离辐射能释放出来，而后者是使用特定波长的光对矿物进行照射，释放矿物中积累的电离辐射能。

光释光测年法是在热释光测年法基础上发展起来的，但比热释光测年法更具有优势：

（1）沉积物对光信号更加敏感，光释光信号更容易衰退，特别是其信号组合中的快组分更容易清零。因此，测得的等效剂量中残留剂量远低于热释光测年法的残留剂量。

（2）热释光是一种破坏性测量，在测年过程中加热将所有的信号全部释放出来，同时高温加热可能改变被测试样品的理化性质；而光释光测年法使用的是特定波长的单色光进行的照射激发，对测试样品不产生破坏作用。同一个样片可用于不同测试目的的分析，这是单片再生剂量法（single aliquot regeneration，SAR）的优势，而且可以节约大量的测量时间。

（3）矿物对激发光源具有选择性，如长石能够在常温下被红外光源激发，而石英则不能。因此，可以利用这一特性检测待测石英的纯度。甚至在同一个样片上，分别利用红光光源和蓝光光源激发，从而获得长石和石英的光释光年代，进行相互比较与验证。

（4）光释光的信噪比远高于热释光。这使得我们可以在一个样片上使用很少量的样品进行测量，甚至可以对单个矿物颗粒进行测量。

（5）光释光通常是在相对比较低的温度下（160～280℃）测量，样品的释光性质变化不大，而热释光需要将样品加热到 400℃以上，会使样品的释光性质产生较大的变化。

鉴于上述光释光测年法较热释光测年法的明显优势，以及热释光测年法存在的相关问题，热释光测年法逐渐限于对燧石、烧土和陶瓷等在埋藏前经历过热事件的物体的年代测定，而对冰川沉积物等的年代测定主要应用光释光测年法。光释光测年法使用的矿物有石英与长石。其基本原理是沉积物的矿物颗粒在被搬运和沉积的过程中曝光，其测年的释光信号归零。沉积物沉积之后，矿物颗粒受到宇宙射线以及所处环境中 U、Th 和 K 等放射性元素衰变所产生的 α、β、γ 射线的辐照，重新开始信号累积。在实验室，通过光释光仪测定石英或长石沉积以来积累的总辐照剂量，通过样品所在环境放射性元素（U、Th 和 K 等）的含量和宇宙射线的贡献推算出年剂量，根据两者的比值即可得出矿物沉积至今的年龄（图 2-13）。由此可见，光释光测年法是对沉积物年代的直接测定，即可以直接测定古冰川和古冻土/古冰缘遗迹的年代。

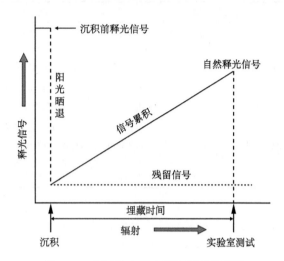

图 2-13　沉积物光释光测年原理示意图

光释光测年法最初采用多片测量技术（multiple aliquot methods），之后采用 SAR，目前发展到单颗粒（single-grain）测量技术，可以解决可能存在不完全曝光的沉积物样品的残留剂量问题。基于砾石表面暴露的光释光测年最新技术正在发展中。

对于第四纪沉积物中的风成沉积，因搬运距离较远，期间经过反复的曝光，可以达到测年信号归零的前提要求。但冰川沉积物，无论是冰川直接沉积的冰碛物，还是冰碛地形外围的冰水沉积，搬运和沉积过程中其受到太阳光照射的机会小，会造成部分测年信号的残留，进而造成测试年龄的高估。前人已成功地在南极、北美和阿尔卑斯山等地区使用光释光技术测量了古冰川遗迹的年代。在青藏高原也有大量第四纪冰川沉积的光释光测年报道。故适当的样品采集策略结合逐渐完善的单颗粒测定技术以及正在探讨的冰川漂砾光释光暴露测年技术，将有助于解决古冰川遗迹可能存在的曝光不完全的缺陷，最终获得较为可信的测年结果。

5. 宇宙成因核素暴露年代法

宇宙成因核素（cosmogenic nuclides）是指高能宇宙射线与陨石、宇宙尘埃、大气层和地表岩石等相互作用，发生核反应所形成的一系列稳定或放射性元素。宇宙射线粒子轰击物质所发生的核反应主要包括高能核反应（主要是蜕变反应，也包括介子反应）和低能核反应（主要是中子俘获反应）。宇宙射线直接轰击暴露于地表的岩石所产生的核素称为原地（就地）生成核素。用于古冰川测年研究的宇宙成因核素 ^{10}Be、^{26}Al、^{36}Cl、^{14}C、^{3}He 和 ^{21}Ne 在地表岩石靶标矿物中的主要形成机制等相关信息如表 2-2 所示。稳定性宇宙成因核素测年，以暴露在宇宙射线辐射下的地表岩石或矿物中该类核素的产生速率及其积累量为基础；放射性宇宙成因核素测年，则以其产生速率与衰变速率为基础。

表 2-2　测年常用宇宙成因核素与主要靶标矿物（Dunai, 2010）

核素	半衰期	主要靶标矿物	主要靶元素与反应类型
^{3}He	稳定核素	橄榄石、辉石、角闪石和其他含He 矿物	O、Mg、Si、Fe、Ca、Al 和 Li；蜕变（100%），μ介子可忽略，热中子在 Li 上通过 ^{3}H 产生 ^{3}He
^{10}Be	1.36±0.07Ma	石英、极少辉石和橄榄石	O、Si（Mg）；蜕变（96.4%），μ介子（3.6%）
^{14}C	5.73±0.03ka	石英	O、Si；蜕变（82%），μ介子（18%）
^{21}Ne	稳定核素	石英、橄榄石、辉石	Mg、Al、Si；蜕变（>96.4%），μ介子（≤3.6%）
^{26}Al	708±17ka	石英	Si；蜕变（95.4%），μ介子（4.6%）
^{36}Cl	301±2ka	碳酸岩、长石、大部分岩石	K、Ca、Cl（Fe、Ti）；K[蜕变（95.4%），μ介子（4.6%）]，Ca[蜕变（86.6%），μ介子（13.4%）]，Fe 和 Ti[蜕变（100%）]，Cl 和 K 通过中子俘获产生 ^{36}Cl

　　就地生成或陆地生成的宇宙成因核素（terrestrial cosmogenic nuclide，TCN）暴露年代方法的理论基础早在 1967 年就被 D. Lal 和 B. Peters 建立起来了，但它大规模用于测年研究则是在 20 世纪 80 年代伴随着高能加速器质谱仪和高灵敏度常规惰性气体质谱仪两种新型地球化学分析仪器的研制成功迅速发展起来，所以 TCN 测年技术是一种较新的测年技术。TCN 测年的基本假设前提是某一个地质地貌过程将表面新鲜的岩石暴露于地表，该岩石随即接受宇宙射线高能粒子的轰击生成核素，假定到达地表岩石的宇宙射线通量为常数，地表岩石中宇宙成因核素累积的浓度与岩石暴露的时间相关，在假定侵蚀速率为零的情况下，岩石中宇宙成因核素的增量是其产生的增量与衰变的减量之差（董国成等，2014）。

$$\frac{dN}{dt} = P - \lambda N \tag{2-4}$$

式中，N 为样品中宇宙成因核素的浓度（atoms/g）；P 为宇宙成因核素的产率[atoms/（g·a）]，t 为地表岩石的暴露时间（年）；λ 为放射性宇宙成因核素的衰变系数，为半衰期的倒数。实验室中测得的样品中，将宇宙成因核素的个数除以该核素的理论产率即可得到待测地质地貌体的暴露年代。

　　在古冰川研究的众多测年方法中，最令人兴奋的非 TCN 莫属。其一是因为该方法常用的六种宇宙成因核素中，有四种同位素（^{10}Be、^{26}Al、^{14}C 和 ^{21}Ne）可产生在石英中。石英是重要的造岩矿物，广泛地分布于三大类岩石之中，冰川作用区大量散布的富含石英矿物的漂砾或基岩磨光面中的石英岩脉均是 TCN 极佳的测年材料。TCN 测年技术极大地改变了古冰川遗迹无测年材料可用的窘境。其二是因为该方法不但可以测定冰川漂砾或冰蚀地形等的暴露年龄，还可以测定冰碛物或冰蚀地形的埋藏年龄。TCN 测年的基本要求是漂砾与基岩磨光面的新鲜，即起始的宇成核素浓度为零。冰川是塑造地表形态最积极、最重要的外营力。富含岩屑的冰流通过磨蚀、拔蚀（挖蚀、刨蚀）对下覆基岩冰床进行了改造，而且冰川底部与内部较大的岩块基本都是在拔蚀作用下形成的。此外，冰川发育时厚层的冰川覆盖对下覆基岩冰床起到了屏蔽作用。因此，表面被磨蚀且被厚层冰体屏蔽的基岩冰床与大的岩块可视为 TCN 测年信号为零。其三是因为该方法测年范围广，从数百年至数百万年，涵盖整个第四纪时间范围。

冰川的侵蚀、搬运与沉积形成的各种冰川侵蚀与沉积地形记录了冰川演化史，应用 TCN 测年技术对其进行年代测定可以确定冰川进退时代。通常假定基岩与漂砾表面后期侵蚀为零，这是一种理想模式。暴露于地表的岩石均会受到后期不同程度的侵蚀。当地表岩石受到风化侵蚀时，所采集的岩石样品中宇宙成因核素的浓度就会发生变化。在长时间尺度上，宇宙成因核素产率可粗略看作一个常数。但宇宙成因核素产率受到海拔（正相关）、地磁纬度（负相关）、岩石厚度（负相关）的影响，同时宇宙成因核素的产率也随时间的不同而不同，并且还受太阳活动强度变化等因素的影响。区域因素，如坡度、坡向、遮挡情况等也对宇宙成因核素产率有影响。宇宙成因核素测年的时间范围取决于核素的产率、仪器的测试精度、放射性核素的半衰期、地表的侵蚀速率等因素。从目前的研究报道来看，该测年方法可对整个第四纪的冰川地形进行较为精准的年代测定。由于核素产率随海拔和地磁纬度的增加而增加，因此高海拔和高纬度区的测年下限更小。测年的上限与放射性核素的半衰期、侵蚀速率等因素相关。在无侵蚀的理想状态下，放射性核素经历 4～5 个半衰期后，其核素浓度会达到一个平衡状态，故测年的理论上限应为 4～5 个半衰期。在有侵蚀的情况下，核素浓度达到平衡状态的时间会变短，此时其有效暴露时间 T_s，即测年的理论上限。由于 ^{10}Be 的半衰期为 1.36 ± 0.07 Ma，^{26}Al 的半衰期为 708 ± 17 ka，^{36}Cl 的半衰期为 301 ± 2 ka，因此，考虑到仪器的测试精度，^{10}Be 的测年上限为几个百万年，^{26}Al 为一两个百万年，^{36}Cl 为几十万到一百万年。这几个放射性同位素定年的合理运用与交叉检验可确保较为精准的第四纪冰川演化序列年代学框架的建立。

宇宙成因核素测年的误差可分为随机误差和系统误差。据 John C. Gosse 和 Fred M. Phillips 的研究，对 ^{10}Be 暴露测年而言，年代值的随机误差来源于样品特征测量和校正、样品制备和分析以及加速器的测量；年代值的系统误差来自核素半衰期、核素产率以及宇宙射线随时间的变化等。综合来看，宇宙成因核素测年的误差主要来自核素的产率、试验误差、试验数据解释 3 个方面。目前人们对产率的掌握还不够准确，不同研究者计算出的产率存在一定的差别，而使用不同的产率就会使定年结果产生较大的差异。不同核素的测量精度也有所不同，如 ^{10}Be 的测量精度较高，^{26}Al 的测量精度较低。另外，不完全暴露、侵蚀或后期暴露、核素浓度继承性等因素也会影响测年结果。例如，青藏高原的 ^{10}Be 暴露年代多受侵蚀或后期暴露的影响，而极地冰盖覆盖区的冰碛物的年代似乎受继承性的影响较大。

2.2.2 冰芯定年

目前，冰芯定年所采用的方法主要有参数季节性变化定年法、参考层位定年法、放射性同位素定年法、理论模式定年法、重大气候事件比较定年法及原子阱单原子检测定年法等。

1. 参数季节性变化定年法

参数季节性变化定年法较广泛用于冰芯上部定年。采用的主要参数包括氢、氧稳定同位素比率（Willi Dansgaard 于 1954 年首先提出，后被广泛应用），可溶性离子浓度，不溶性微粒含量，pH 及电导率等，目前比较广泛运用的是前三种参数的季节性变化定年。其定年机理为：不同季节降水中的化学组分和大气环流携带的尘埃或杂质在冰面上的沉降量存在差异，从而造成一年内不同季节冰雪中所沉积物质的相对比值或含量存在较大差异，因此可以根据冰芯中各参数的季节性高低变化特征，通过逐层（年层）计数的方法进行定年。但随冰芯深度的增大，冰体在重力作用下受压产生流变并使年层厚度逐渐减薄。当冰芯达到一定深度后，其年层厚度会减薄到小于实际冰芯样品的分样间距，此时冰芯中各参数的测定结果就不存在季节性信号，从而也就无法再利用数年层法定年。

2. 参考层位定年法

参考层位定年法主要针对某一具体事件进行定年，采用的主要参数有放射性物质（氚含量和 β 活化度）和火山事件等。其定年原理为：已知某些自然界或人类活动特定事件（如核事件）的年代，而后在冰芯中找到它们造成影响的对应层位，由此对该层冰体进行定年。此方法能对某一特定标志层冰芯进行精确定年。然而，由于千年及千年以上尺度内特定事件的记载稀少，因此该方法对较长时间尺度冰芯年龄的确定存在不足，目前一般用于百年尺度冰芯特定层位绝对年龄的确定。

3. 放射性同位素定年法

放射性同位素定年法采用的主要参数有 ^3H、^{10}Be、^{36}Cl、^{39}Ar、^{14}C、^{81}Kr 和 ^{210}Pb 等。其定年的原理为：通过测定不同层位冰芯在沉积过程中所保存的放射性同位素强度，结合各放射性核素的衰变周期来进行冰芯年代序列的建立，但此类定年方法受冰芯样品量、样品中核素含量、样品前处理及放射性核素检测手段等综合限制，目前尚未得到广泛应用。

4. 理论模式定年法

理论模式定年法的物理基础是冰川的流动变形理论。该方法在冰芯（尤其为深部冰芯）的定年工作中有着较广泛应用。目前科学家在两极冰盖和中低纬度山地冰川地区已建立了多种理论模式定年模型，并基于这些定年模型对多根冰芯进行了定年工作。然而，此类方法对冰芯最底部冰芯年代的确定往往会存在较大误差。

5. 重大气候事件比较定年法

重大气候事件比较定年法主要针对冰芯底部模式定年发生较大偏差，且又无特定层位绝对年龄限制的情况，这时可以将冰芯中各参数指示的重大气候事件与进行过较准确定年的介质（如冰芯、深海沉积物、湖芯、石笋、树轮等）记录的相同重大气候事件年代进行对照，以建立所研究冰芯的总体年代序列。

6. 原子阱单原子检测定年法

^{81}Kr（半衰期为 229 ± 11 ka）、^{39}Ar（半衰期为 269 ± 3 a）和 ^{85}Kr（半衰期为 10.76 ± 0.02 a）原本与 ^{14}C 等均属于放射性同位素测年的范畴。然而，由于它们在大气中的丰度远远低于质谱仪所能达到的探测极限，因此对从冰芯气泡中获取的这些放射性惰性气体同位素很难应用质谱仪进行测试定年。近年来，发展了一种基于激光原子阱的新型单原子灵敏检测方法，称为"原子阱单原子检测"，可以测出冰样中所含的这些放射性惰性气体同位素原子的个数，成功解决了其探测难题。目前，该方法已应用于南极深冰芯和青藏高原冰川样品的测年。

利用冰芯气泡中包裹的宇宙成因核素 ^{39}Ar 和 ^{81}Kr 原子阱计数，结合冰芯中孢粉和黑碳的 AMS^{14}C 测年技术，可对年代跨距为 $10^1\sim1.2\times10^6$ 年时段的冰芯进行绝对定年。

2.2.3　多年冻土定年

多年冻土和古多年冻土定年难度很大。在现存的多年冻土中，首先需要区分共生、后生和复生等多年冻土成因类型。共生多年冻土的年龄与沉积物年龄相当，通过常用的 AMS^{14}C、OSL 和地下水、地下冰的同位素或宇宙成因核素定年，可获得较为理想的定年资料。后生多年冻土定年难度较大，因为多年冻土的形成年龄晚于沉积物形成年龄，而且沉积物可能经历多次冻融作用。复生多年冻土层的年代更难确定。

第四纪古冻土年龄一直是冻土学中悬而未决的问题。目前，较为可靠的方法是利用指示多年冻土的第四纪古冰缘地貌或现象或遗迹（如冰楔假形、原生寒冻开裂砂楔、冻融褶皱和冰皋遗迹等）。首先，判断它们是否经历过多年冻土或冻融作用；然后，需要区分形成这些古冰缘地貌遗迹的多年冻土或冻融作用成因类型（共生、后生、复生等）；最后，根据沉积物和围岩（土）形成年代和相对底层关系，定性或（半）定量确定古多年冻土或古深季节冻土的形成年代。

2.2.4　树木年轮定年

树木年轮定年是对树轮年代的研究。在具有明显季节变化的温带和寒带地区，树木一般每年都存在周期性的生长变化。春天，木质部外面的形成层细胞开始分裂，向内形成木质部细胞，分裂后的细胞大而壁较薄，颜色较浅，称为早材或春材；随后细胞生长减慢，细胞壁更厚，体积缩小，颜色变深，称为晚材或秋材；之后树木进入冬季休眠期。

这样，正常情况下树的主干每年形成一个生长环，即年轮。年轮的数目表示树龄的大小，年轮的宽窄则与相应生长年份的气候条件密切相关。同一地区或邻近地区同种树木的不同个体，在同一时期内由于经历的气候环境变化过程是一致的，其年轮的宽窄变化规律也是一致的。如果一段树干内层的一段年轮序列同另一段树干外层的年轮序列一致，说明二者具有共同的生长期，生长年代能够相互衔接。因此，同种树木的不同个体之间能够交叉定年，这就是树轮定年的原理。以现生立木或已知砍伐年代的树木样本为时间基点，年代早一些的样本与之有一部分年轮图谱重叠，它们就可以衔接（图 2-14），这样就能建立长序列的树木年轮年表。

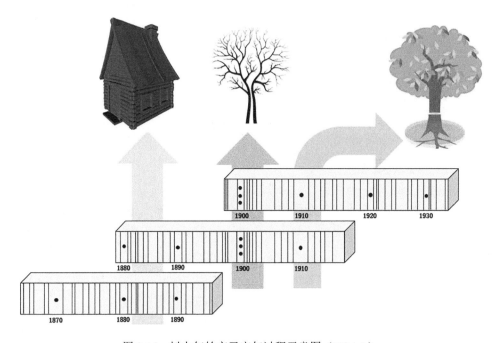

图 2-14　树木年轮交叉定年过程示意图（NOAA）

树木年轮交叉定年方法有很多，这里介绍一种骨架法。该方法的工作程序有四个步骤。第一步是进行年轮标记。将固定、打磨后的样芯，由树皮方向向最内层每 10 轮做一标记，直到最后一轮，其中每 50 轮处、100 轮处分别做不同的标记。对暂时难以确定真伪的年轮先计为一轮。第二步是画骨架图。该方法是将树木年轮宽度序列中的窄轮作为序列之"骨"。在坐标纸上做好样号及轮数标记，在显微镜下，对照已做好标记的样芯从最内层画起，每一条纵坐标线代表一轮，在窄轮处用竖线做标记，直到画完最后一轮。竖线的长短由树轮的宽窄决定，年轮越窄，竖线越长，最窄处可画满 1 格。这里的宽窄并不是树轮的绝对宽窄，而是相对于它相邻前后轮而言的，并且骨架图上的竖线密度不可太大，否则不能反映出年轮宽窄变化的特征。特别要注意的是，极窄的轮可作为特征轮用于样芯之间的互相对比。每一个样芯画一张骨架图，直到画完所有的样芯。第三步是比较。首先对同一棵树上的两个树芯进行比较，是否窄轮重合，如果前一部分重合，后一部分不重合，那么往后移动一个或几个年轮后，骨架又重合，说明有可能缺轮，需回到显微镜下重新确认。确定好后再与另一个样本用同样的方法进行比较，直到所有样本的年轮数量准确无误为止。第四步是年代确定。对于活树的样芯，最外层年轮的年代是已知的，即骨架图最外一轮的日历年代为采样年份。依此逆推，可以给骨架图上每一条竖线一个确定的日历年代。如果古木样本的年轮骨架与现代样本的年轮骨架重叠，那么每个年轮的生长年代也就能确定了。这样就完成了交叉定年。

2.2.5　湖泊沉积物定年

适用于湖泊沉积年代测定的年代学方法有很多，每种方法都具有其特点和优势，但同时也存在一定的局限性。定年法概括起来大致包括两个大类：一类是能测定出绝对年龄值的方法，包括利用放射性核素的衰变、裂变原理方法，已知初始年龄的纹层计数方法等，均能给出沉积物的绝对年龄值；另一类是能给出相对年龄值的方法，与已知年龄的样品、剖面相对比后估算出年龄值，如磁性地层、气候地层、氧同位素地层等。湖泊沉积物绝对年龄测定方法中的 ^{14}C 法、ESR 法、释光（TL 和 OSL）法已在前面的古冰川遗迹定年中进行了论述，这里仅介绍其他测年方法。

1. ^{210}Pb 定年

^{210}Pb（半衰期 22.3 a）为天然放射性元素，是铀系元素 ^{226}Ra（半衰期 1.622 ka）衰变的中间产物 ^{222}Rn（半衰期 3.8 d）的 α 衰变子体，广泛存在于自然环境中。其母体同位素 ^{222}Rn 在随大气运动的扩散过程中衰变形成 ^{210}Pb，通过干、湿沉降进入海洋、冰川、湖泊等多种环境中，并在沉积物中积蓄。根据 ^{210}Pb 半衰期，它多用于近一两百年以来的沉积物定年。

湖泊沉积物中的 ^{210}Pb 主要有两个来源：①沉积物本身含有的 ^{226}Ra 衰变产生的 ^{210}Pb，称为附加 ^{210}Pb（$^{210}Pb_{sup}$），这部分含量与沉积物中的母体元素 ^{226}Ra 共存，且处于平衡状态；②湖泊外的 ^{226}Ra 衰变为惰性气体 ^{222}Rn，^{222}Rn 在大气中扩散传播，通过粉尘、降水等干、湿沉降转移到湖泊沉积物中，因其不与母体元素 ^{226}Ra 平衡共存，称其为过剩 ^{210}Pb（$^{210}Pb_{ex}$）。测试样品时，沉积物中的附加 ^{210}Pb 可以用沉积物中的 ^{226}Ra 含量来表示，样品中的 ^{210}Pb 总量为 $^{210}Pb_{total}$、$^{210}Pb_{total}$ 和 ^{226}Ra 之差即 $^{210}Pb_{ex}$ 值。

可以用公式表示为

$$^{210}Pb_{ex}={}^{210}Pb_{total}-{}^{210}Pb_{sup} \tag{2-5}$$

式中，$^{210}Pb_{total}$ 为 ^{210}Pb 测量得到的总强度；$^{210}Pb_{sup}$ 为与样品中 ^{226}Ra 达到放射性长期平衡的 ^{210}Pb 放射性强度。

沉积物中的 $^{210}Pb_{ex}$ 在与外界隔绝的条件下，按半衰期 22.3 a 衰减，其深度分布公式如下：

$$^{210}Pb_{ex}=^{210}Pb_0\times e^{(\lambda t)} \tag{2-6}$$

式中，$^{210}Pb_{ex}$ 为某一深度的 ^{210}Pb 强度；$^{210}Pb_0$ 为表层 ^{210}Pb 强度；λ 为 ^{210}Pb 半衰期常数；t 为深度 x 的年龄。

根据 ^{210}Pb 计算年龄常用恒定放射性通量（constant rate of supply，CRS）模式和常量初始浓度（constant initial concentration，CIC）模式。

CRS 模式计算公式：

$$t_x=\lambda^{-1}\ln\left(A_0 A_x^{-1}\right) \tag{2-7}$$

式中，t_x 为深度 x 处的 ^{210}Pb 年龄；λ 为 ^{210}Pb 的衰变常数；A_0 为全部 $^{210}Pb_{ex}$ 强度之和；A_x 为深度 x 及之下所有 $^{210}Pb_{ex}$ 强度之和。

CIC 模式计算公式：

$$t_x=\lambda^{-1}\ln\left(C_0 C_x^{-1}\right) \tag{2-8}$$

式中，t_x 为深度 x 处的 ^{210}Pb 年龄；λ 为 ^{210}Pb 的衰变常数；C_0 为表层 $^{210}Pb_{ex}$ 的强度；C_x 为深度 x 处 $^{210}Pb_{ex}$ 的强度。

2. 人工放射性核素 ^{137}Cs 定年

^{137}Cs 为人工放射性核素，半衰期为 30.2 a，主要来源于热核实验、核反应堆的放射性废物。其通过大气扩散并通过降水进入水体中，吸附在水体中的悬浮颗粒上，随悬浮颗粒沉积到水底沉积物上，并保持在原位。1945 年世界上第一枚原子弹爆炸，开始产生 ^{137}Cs 核素，到 1954 年北半球 ^{137}Cs 明显增加。1962～1963 年是核武器实验的高峰，^{137}Cs 核素沉降量也在这时出现一个峰值。随后，1963 年的《部分禁止核试验条约》明令禁止大气层和水下核试验，核试验转入地下，1996 年的《全面禁止核试验条约》也禁止进行地下核试验。但是，此期间的 1986 年 4 月，苏联的切尔诺贝利核电站发生核泄漏事件，是迄今为止最为严重的核泄漏事故，在很多地方可以检测到该事故产生的 ^{137}Cs 核素。^{137}Cs 在开始被明显检测到的 1954 年和峰值点的 1963 年在多个湖沼沉积物中得到验证，可以用 1954 年、1963 年两个时标确定沉积物年龄。^{137}Cs 正是利用 1954 年、1961～1963 年、1986 年三个绝对时标作为沉积物定年的依据，与其他定年方法结合，确定沉积物年代。但是，1954 年的时标已经经过数十年的衰变，^{137}Cs 比活度明显降低，在沉积物中已经很难辨识，1986 年的时标有时不明显，所以一般都使用 1963 年时标作为定年标志。

3. 古地磁定年

湖泊沉积物中矿物的剩余磁性记录着沉积物形成时地球磁场的极性特征，这就是古地磁研究的理论基础。古地磁定年方法通常用来确定沉积地层的上下关系，当古磁场序列和其他定年方法获得的标准曲线校准时，便可获得沉积岩芯大致的数值年龄范围。

在地质历史时期，地球磁场的强度和方向呈现不规则变化。这种变化主要有三种类型，即极性倒转、极性漂移和长期变化。地球磁场的这些变化在沉积物沉积时通过磁性矿物顺地磁场排列而被记录下来，为沉积地层的定年提供了基础。极性倒转是正向极性和反向极性之间的转变。地磁倒转是指地球磁场的方向发生 180° 改变，即地磁两极的极性发生倒转的现象。它在地层古地磁记录中具有全球性，可用于洲际地层的对比和定年。极性漂移是指一定区域范围内 10～50 ka 的磁场极性倒转。地磁长期变化是指地磁场各种要素（倾角、偏角和强度）的变化。由于极性漂移和极性长期变化在地层古地磁记录中具有区域性，加之一般地层样品的时间分辨率较低，这两种变化难以用于不同区域地层磁性的对比和定年。通过测试湖泊沉积物的地磁特征，对照地磁极性年表，可建立起较长时间尺度的湖泊沉积年代序列。

4. 火山灰年代定年

根据明显的火山灰层与相应的火山喷发时间或利用其他定年方法对火山灰层中特定物质进行定年。

伴随着火山爆发，火山灰或火山碎屑常常会快速地遍布于相对广泛的区域内，形成位于同时期湖底沉积物之上的覆盖层。通常火山灰层特征突出，在沉积序列中显示出不同的浅色层，通过不同的方法可以将其在岩芯中鉴别出来，这些方法包括颗粒特征、岩相学和矿物学特征以及地球化学特征。这些方法不仅能够区分火山灰，而且可以建立其来源区域。灰层的年龄可以结合有机物，例如木材、泥炭或者湖泊沉积物的放射性碳定年；对于较老的沉积物，可以利用 K-Ar、^{40}Ar-^{39}Ar、裂变径迹、TL 进行定年，对于一些初始矿物组分采用 ESR 定年的方法等进行定年。此外，可以对火山灰定年的其他方法还包括已知年龄的火山灰层有关的地层位置、古地磁校正、年际层叠的沉积物、生物地层学方法（如孢粉分析）以及深海沉积物中与氧同位素阶段边界间的关系等。

5. 特殊事件定年

根据已有资料记载的突发事件的发生时间，对照相关指标在沉积物中记录的深度来确定年代或建立年代序列的方法。例如，洪水造成的粒度组成的改变、火灾与炭屑的出现、高温使用化石燃料与碳球粒（SCP）在沉积物中的分布、湖泊沉积环境指标变化与深海氧同位素变化对照等。

6. 纹泥层定年

冰川纹泥又称季候泥，冰川纹泥定年是利用冰湖湖底有粗细沉积韵律的沉积层来确定冰川发生发育年限的一种方法。纹泥形成于冰川外围与冰川融水存在水力联系的冰湖中。冰川融水有一定的侵蚀搬运能力，可以将黏土、粉砂、细砂、中砂和粗砂等不同粒径的物质带到冰川外围的湖泊里。一年四季冰湖的水动力不同，导致沉积物厚度、颜色、成分也有差别，形成明显的沉积韵律。夏季冰川融化强烈，冰水量大且水动力强，冰川融水所携带的泥沙进入附近湖泊（冰缘湖）后，较粗的颗粒很快沉于湖底，而粒径较细小的黏土质颗粒会在水中悬浮较长时间。至冬季，冰川消融减小，水动力变弱，黏土等细颗粒物质慢慢沉积于砂层之上。如此年复一年就形成层理清晰、具有粗细相间韵律的沉积层。纹泥中砂层色浅，黏土层色深。由上而下计算粗细相间的层次即可确定从冰川开始退缩到冰湖停止沉积这一阶段的年数。由于纹泥层理清楚，定年可靠，其常被用来与树木年轮定年、^{14}C 定年等结果进行比较，以相互验证。

思 考 题

1. 冰冻圈各介质中有哪些气候环境代用指标？

2. 冰冻圈各介质定年方法有哪些异同？

3. 举例说明如何利用冰冻圈中某一介质建立某一研究地区的气候环境记录？

第 *3* 章
古冰川与古气候环境

冰川是地球气候变化的敏感指示器，即是量测地球气候变化的"温度计"。地质历史时期，冰川消退之后留下的遗迹是人们进行古气候环境重建的重要依据之一。本章将主要介绍与冰川作用相关的侵蚀与堆积地貌特征及其判识标志，以及如何利用这些遗迹进行古冰川和古气候环境的重建研究，并简要介绍与冰川变化有关的重大气候环境事件。

3.1 古冰川遗迹与地球冰期

3.1.1 古冰川遗迹与识别标志

冰川是塑造高寒地区地表形态最积极、最重要的外营力之一。冰川侵蚀与沉积地形有别于其他营力所形成的地表形态。了解冰川地貌的形成与发育规律有助于古冰川遗迹的识别。山地冰川地貌组合具有垂直地带性分布规律。通常在冰川平衡线高度以上以冰蚀地貌为主，分布有角峰、刃脊等；冰川平衡线高度附近分布有成群出现的冰斗；平衡线高度以下既有冰蚀地貌，如"U"形谷、谷坡与谷底过渡区的羊背岩、磨光面、槽谷中交替出现的冰盆与冰坎，又有冰碛地貌，如侧碛垄、终碛垄、中碛垄、冰碛丘陵等；冰水沉积则分布在冰碛地貌外围，沉积形态有冰水阶地、冰水扇等（图3-1）。大陆冰盖的地貌组合表现为水平分布规律，以高大的终碛垄为界，垄内以冰蚀与沉积地貌为主，垄外以冰水沉积地貌为主。从冰盖中心向外围分布有大面积的基岩磨光面、冰蚀湖、基碛、终碛垄、冰碛丘陵、蛇形丘、冰水平原等。如果冰盖有入海冰流，冰川侵蚀形成的槽谷将被海水淹没形成峡湾。冰盖边缘崩解进入大洋的冰山，可携带冰川侵蚀的岩屑物质沉入大洋，形成冰筏沉积。

槽谷是冰川区最常见的宏观冰蚀地形之一。因其形态呈大写的"U"字，故又称为"U"形谷。发育较好槽谷的横剖面可用抛物线方程来表示：$y=ax^b$（式中，a 为系数；x 为谷壁上任何一点到谷底中心的水平距离；b 为指数，发育较好的槽谷 b 值近似为2），这是槽谷判别的指标之一。山地冰川在起伏基岩冰床上流动时，伸张流与压缩流是交替出现的，最终在冰床上形成交替分布的岩（冰）盆与岩（冰）槛，这也是槽谷的标志。具体判别时还可以结合其他一些规模较小的侵蚀地形（如羊背岩、鲸背岩、磨光面、刻槽等），以及谷中沉积物是否含有冰川擦面石等来进行综合研判。

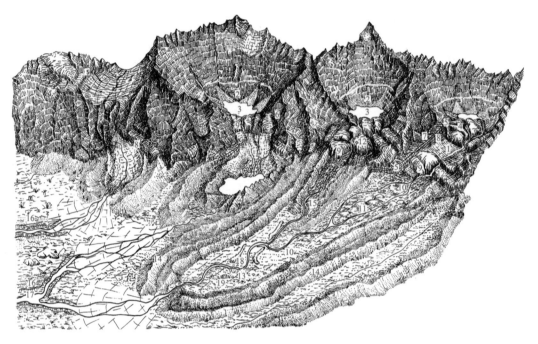

图 3-1　山地冰川消退后的地貌形态素描图（据 Streiff-Becker, 1947，郑本兴改绘）

1. 槽谷; 2. 冰斗; 3. 冰斗湖; 4. 岩槛; 5. 冰蚀上界; 6. 岩墙; 7. 岩肩; 8. 刻槽; 9. 谷阶; 10. 冰床; 11. 鼓丘; 12. 羊背石; 13. 底碛（滞碛）; 14. 冰进型终/侧碛垄; 15. 冰退型冰碛垄; 16. 冰水砾石滩; 17. 现代河床; 18. 蛇形丘; 19. 冰砾阜

　　冰斗呈围椅状底平下凹的岩（冰）盆形态。冰斗一般由斗底、斗壁、斗口与斗口高起的反向基岩岩槛构成。如果冰斗的形成时间较近，斗口岩槛处或可保留有面积较大的基岩磨光面。冰斗形成可用已被观测证实的"旋转滑动"理论进行解释[图 3-2（a）]。岩（冰）盆与斗口高起的反向基岩岩槛是冰斗的判别特征。在自然界，多种成因所成的洼地，如石灰岩溶蚀洼地、雪蚀洼地、谷源汇水洼地等容易被误判为冰斗。为了鉴别冰斗的真伪及其发育程度，可结合冰斗的平坦指数：$F=a/2c$（式中，F 为平坦指数；a 为冰斗后壁冰川作用最高点至冰斗口反向岩槛的长度；c 为垂直于 $a\sim b$ 面所量取的冰斗的深度）来进行综合研判[图 3-2（b）]。根据研究，真正的冰斗平坦指数较小，数值多为 1.7~5。冰斗一般发育在冰川平衡线高度附近，同一次冰川作用形成的冰斗分布在大致相同的高度且成群出现。分布在不同海拔的冰斗群可称为"冰斗阶梯"，这是判别多期次冰川作用的证据之一。

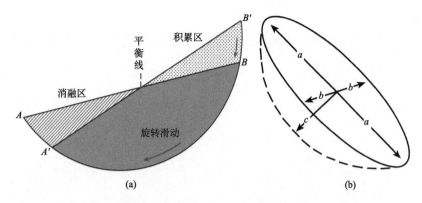

图 3-2　冰斗形成及其平坦指数示意图（施雅风等，1989）

a. 冰斗长度；*b*. 冰斗宽度；*c*. 冰斗深度

虽然冰川侵蚀与沉积地形均可用于古冰川研究，但相对而言，冰蚀地形，特别是宏观的冰蚀地形更容易被后期复杂的地表过程破坏而不能保全，故古冰川规模演化信息多是基于冰川沉积地形获得的。冰川沉积有广义与狭义之分。广义的冰川沉积指冰川环境下形成的陆源碎屑沉积的总称，它包括由冰川直接沉积的冰碛、冰川冰与冰川融水共同作用形成的冰川接触沉积、冰川融水径流形成的冰水沉积和接近冰川水体中形成的冰湖（或海）沉积。狭义的冰川沉积指直接由冰川沉积下来，分选性与磨圆度都很差、呈次棱角状未受后期扰动的沉积。如果冰川沉积物堆积而成的中碛垄、侧碛垄、终碛垄、冰碛丘陵、冰碛平原和蛇形丘等保存完好，那么古冰川的规模就相对容易界定。如果这些冰碛地貌受到后期影响，保存不完整，那就需要判断沉积物是否为冰川沉积。

冰川沉积是一种非常复杂的"混杂堆积"，包含粒径细小的黏粒到直径几米甚至更大的漂砾，在研究与识别的过程中需要谨慎处理与之形态相近的其他营力所成的沉积物，如泥石流、溃坝沉积等（崔之久等，2013）。早期古冰川研究文献中多将擦痕作为鉴别冰川作用标志的"铁证"，尤其是"钉"字形或"老鼠尾巴"形的擦痕。事实上，山洪泥石流剧烈急速的流动过程中，岩块不仅翻滚，而且相互碰撞、互相刮擦，从而形成撞击坑和擦痕，其中一些擦痕也会呈"钉"字形或"老鼠尾巴"形或带有一定的弧度。同时，岩块在向下运动过程中还有沿着短轴发生多次翻滚的可能，以达到搬运阻力最小，所以山洪泥石流中岩块表面的擦痕方向杂乱不一，且多与短轴平行。值得注意的是，冰川对岩块改造是"优先磨平作用"，有别于流水的"优先磨圆作用"。在"优先磨平作用"下，岩块最终可被改造成擦面石，而基岩被磨蚀成基岩磨光面。由于冰川运动速度小，冰中裹挟的冰碛石受周围冰体的束缚，很少有机会发生翻滚，为了达到阻力最小，岩块慢慢调整使其长轴平行于冰流，故冰川擦面石上的擦痕与岩块的长轴大致平行。因此，沉积物中如果含有被冰川改造而成的擦面石就可以判别其为冰川作用的产物（图 3-3）。

图 3-3　东帕米尔高原冰川区的冰川擦面石（赵井东摄）

3.1.2　地球冰期

冰期是指地球气候长期大幅度变冷导致冰川（冰盖和山地冰川）大规模发育、活动的时期。冰期的概念有广义和狭义之分，广义的冰期指地球气候寒冷、冰川大规模发育的时期，又称大冰期（ice age, glaciation），狭义的冰期是指大冰期中有较大规模冰川作用的时期（glacial period）。大冰期中气候相对较温暖、冰川规模相对较小的时期就是通常所说的间冰期（interglacial period）。目前，南北极地区均存在大范围的冰盖，并且全球不同高山地区均有冰川发育，所以当今的地球仍处在始于 2.6 Ma 前的第四纪大冰期之中。与末次冰期最盛期（约 23ka BP）相比，现今全球的冰川规模要小很多，因此地球目前处于第四纪大冰期中的间冰期时期（即全新世）。对于远古时期的冰川作用而言，暴露于地表的冰川侵蚀地貌早已被后期多种营力破坏殆尽，难寻踪迹。因此，主要依据保存在地层中的冰碛（冰碛岩、漂砾）来判别地质历史时期地球上是否发生过冰川作用。沉积学证据表明，在地质历史时期，地球上至少出现过 5 次大冰期，分别是新太古代大冰期、前寒武纪大冰期、早古生代大冰期、晚古生代大冰期和晚新生代大冰期。

新太古代大冰期是已知地球上最早的大冰期，出现在距今 24 亿年前到 21 亿年前，主要的证据是加拿大南部和美国大湖区西部的休伦群高干达组冰碛层，因此又称休伦大冰期（Huronian Ice Age）。另外，在南非、澳大利亚西部也有这次冰期冰碛的存在。本次大冰期产生的原因可能与大氧化事件有关，即大气层中急剧增加的氧气破坏了原始大气中的主要温室气体（CH_4 与 CO_2）。

前寒武纪大冰期出现在距今 8.5 亿~6.3 亿年前，又称成冰纪（Cryogenian）大冰期。这次大冰期以挪威北部芬马克的冰碛岩为其代表，在苏格兰、澳大利亚、非洲、格陵兰和北美也存在这次大冰期的遗迹。该大冰期是近 10 亿年来地球最严重的寒冷期，冰盖从极地扩展到赤道地区，甚至形成了"雪球地球"（snowball earth）。8.5 亿年前，地球上的大陆集中在赤道地区形成罗迪尼亚超大陆。该大陆因一次著名的"超级地幔柱"火山活动而分裂，使得陆地的海岸线增加了很多，导致沿岸的生物活动增强，从而引起光合作用的加强而使大量 CO_2 被吸收，同时导致大陆的硅酸岩风化增加而吸收大量 CO_2。这些过程使大气的 CO_2 迅速减少，由"温室"变"冰室"，导致冰雪覆盖范围扩大，加之冰雪反照率的反馈作用，最终形成了"雪球"。后期，火山喷发的 CO_2 逐步累积，最终形成强的温室效应，使得地球走出了冰封的"雪球"状态。

早古生代大冰期，又称安第斯-撒哈拉大冰期（Andean-Saharan Ice Age），是发生在奥陶纪晚期至志留纪早期的大冰期，4.6 亿~4.3 亿年前，时间跨度较小。这次大冰期形成的冰碛岩在法国、西班牙、加拿大、南美、北非及俄罗斯新地岛均有分布，其中北非的冰碛岩露头极佳，并保存有若干冰川地貌的遗迹。

晚古生代大冰期发生在石炭纪中期至二叠纪初期，3.6 亿~2.6 亿年前。因在南非卡鲁地区发现这次大冰期的证据，所以又称为卡鲁大冰期（Karoo Ice Age）。这次冰期的冰川作用遗迹在印度、澳大利亚、南美、非洲及南极大陆的边缘均存在，其中澳大利亚东南部和塔斯马尼亚岛是这次大冰期冰川作用最强的地区。此前泥盆纪陆生植物大量繁育，导致地球大气中氧含量增加以及 CO_2 大幅减少，是这次大冰期发生的可能原因。

晚新生代大冰期始于 2.6 Ma 前的上新世晚期，并延续至今，又称为第四纪大冰期（Quaternary Glaciation）或更新世大冰期（Pleistocene Glaciation）。早在渐新世末，南极就开始出现冰盖，中新世中期冰盖已具规模，是最早进入冰期的地区。第四纪初期的冰期环境波及全球，中期达到最盛，所以晚新生代大冰期主要指第四纪冰期。因距今时间较近，各种冰川侵蚀与沉积地形得以较好保存，冰川演化序列可以得到很好的恢复与重建。例如，约 23 ka BP 的末次冰期最盛期全球温度比现在低 5~10℃，冰川（包括冰盖和山地冰川）范围扩展很大，是现在的 2~3 倍，约占全球陆地面积的 1/4。除现今的南极冰盖和格陵兰冰盖外，当时在欧洲北部和北美洲北部等地也出现了冰盖，即斯堪的纳维亚冰盖（Scandinavian Ice Sheet）和劳伦泰德冰盖（Laurentide Ice Sheet）（图 3-4）。冰期与间冰期气候交替循环是第四纪大冰期地球气候变化的最大特征。对第四纪各种沉积介质中记录的气候变化进行分析，结果表明第四纪气候变化存在 100 ka、40 ka 和 20 ka 周期。这与米兰科维奇（Milutin Milankovitch）理论中轨道偏心率、黄赤交角和岁差周期高度吻合，表明地球接收到的太阳辐射变化是第四纪气候变化的主要驱动因素。

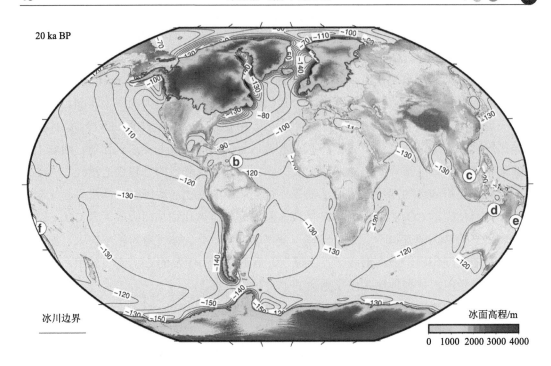

图 3-4　末次冰期最盛期全球冰盖、古地形和远场海平面（图中等值线代表相对现今的海平面相对变化量）（Gowan et al.，2021）

尽管已提出了大气温室气体含量变化、地球轨道变化、太阳活动变化、板块运动、火山喷发、大陨石撞击等可导致地球气候进入大冰期时期，但迄今为止关于每一个大冰期的成因依然存在争议。

3.2　古雪线高度与古气候重建

一个地区不同时期雪线高度的重建与对比研究，有助于认识该地区过去的气候环境变化情况。利用古雪线高度来重建一个地区的古气候状况，包括以下几个步骤或方面：①利用地貌学方法确立古冰川的规模范围或末端位置；②利用测年方法对古冰川的形成时期进行年代确定；③利用古雪线高度的重建方法计算古雪线的高度；④利用雪线高度与气候要素之间的定量关系，来确立古冰川形成时期的气候状况。一般情况下，将古雪线高度与现代雪线高度进行比较，即可定性认识研究区古冰川形成时期的气候状况。下面依据具体实例，来对古雪线高度重建和古气候恢复的过程做一说明。

位于吉林省东南部中朝边境地区的长白山，在末次冰期时曾发生过冰川作用，并遗留了明显的冰川侵蚀地貌和沉积地貌。张威等（2008）对该地区的古冰川发育状况和古雪线高度进行了系统总结与研究。他们通过地貌调查与沉积物分析，利用地形图、航空图片和 GPS 定位等手段对研究区黑风口谷地及西坡停车场谷地冰碛物进行定位及高度测量，界定了古冰川的范围。同时，根据该地区的冰川地貌和地形特征、岩性、冰川沉积物的风化程度以及 OSL 测年，将该区冰川发育分为两个期次，即末次冰期最盛期和晚冰期。末次冰期最盛期的冰碛物以黑风口谷地和西坡停车场谷地终碛作为代表，西坡停车场谷地终碛测年结果为 20.0±2.1 ka BP；晚冰期的冰碛物以黑风口谷地以东相邻的谷地上坡的侧碛、青石峰以北谷地的侧碛以及青石峰冰斗内部的冰碛物为代表，青石峰冰斗内部的冰碛测年结果为 11.3±1.2 ka BP。利用 AAR 法、MELM 法、THAR 法、CF 法、TSAM 法以及冰川末端至分水岭平均高度法（Hofer 法）计算了古雪线高度（表 3-1），结果表明该区末次冰期最盛期时雪线高度为 2250～2383 m a. s. l.，平均为 2320±20 m a. s. l.，晚冰期时北坡和西坡的雪线高度分别为 2490 m a. s. l. 和 2440 m a. s. l.，平均为 2465 m a. s. l.。

表 3-1　不同古雪线高度研究方法估计的长白山晚更新世雪线高度（张威等，2008）

冰期	地点	主峰高程/m a. s. l.	平均高程/m a. s. l.	冰川末端/m a. s. l.	AAR=0.5 雪线/m a. s. l.	CF 雪线/m a. s. l.	TSAM 雪线/m a. s. l.	THAR=0.4 雪线/m a. s. l.	MELM 雪线/m a. s. l.	Hofer 雪线/m a. s. l.	平均雪线/m a. s. l.	雪线降低值/m	平均雪线降低值/m
末次冰期最盛期	北坡	2670	2548	2050	2340±20	2250	2360	2298		2299	2309	1071±100	1060±100
	西坡	2665	2557	2100	2340±20	2282	2383	2326		2329	2332	1048±100	
晚冰期	北坡	2670	2548	2380			2525	2496	2475	2464	2490	890±100	915±100
	西坡	2665	2557	2300			2483	2446	2403	2429	2440	940±100	

只有将重建的古雪线高度与现代雪线比较，才能充分认识研究区域过去的气候环境变化情况。长白山不存在现代冰川，因此不存在实际的现代雪线。为了充分理解长白山冰川广泛发育时期，即 LGM 时的气候状况，张威等采用平衡线处夏季平均气温（T）和年降水量（P）之间的关系

$$P=645 +296T+9T^2 \tag{3-1}$$

来计算长白山的现代理论雪线高程。假定长白山高山区降水量与该区域位于高山的天池站一致，那么利用天池站降水资料和式（3-1），就可以计算出长白山现代理论雪线高度处的夏季气温，再依据天池气象站夏季气温、该站高程及理论雪线高程处的气温，就可计算出现代理论雪线的高程。通过这些计算，结果表明长白山现代理论雪线高程是 3380±100 m a. s. l.。结合上述古雪线高度的估计结果，发现 LGM 时长白山地区雪线较现今下降了 1000 m 左右（表 3-1）。

如果一个研究区存在现代冰川，那么可以根据现代冰川雪线高度及重建的古雪线高度计算出不同时期雪线的变化情况，再利用平衡线处气温和降水量之间的关系式或气温递减率等来估算古冰川发育时期的气候状况。例如，Stephen C. Porter 利用古雪线

高度的研究方法，研究了热带地区 LGM 时的雪线高度，发现那时的雪线高度较现今下降了 800～1000 m，这相当于热带高山冰川作用地区 LGM 时气温较现今下降了约 4.7±0.83℃。

挪威中部 Hardangerjokulen 冰川的现代观测资料、全新世以来的规模变化及其相关的定年资料均极其丰富。Dahl 和 Nesje（1996）基于这些资料，利用 AAR 方法重建了该冰川全新世以来的平衡线高度变化，结果表明该冰川平衡线高度在全新世波动较大，在"8.2 ka 冷事件"时平衡线高度较现今低约 60 m，之后在约 7.8 ka BP 前后达到最高值（较现今高约 250 m），随之在波动中降低，至小冰期极盛时（约 1750 年）平衡线高度降低至近 9.0 ka 以来的最低值（较现今低约 130 m）（图 3-5）。由此可见，古雪线（古平衡线）高度变化能很好地反映过去气候的变化。

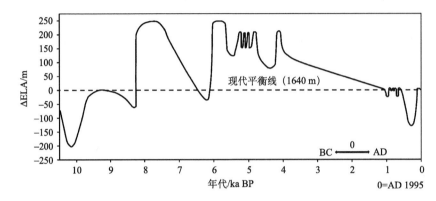

图 3-5 基于 AAR 法重建的全新世挪威雪线变化过程（Dahl and Nesje，1996）

施雅风等老一辈冰川学家在对我国西部冰川进行大量考察的基础上，主要依据古冰斗底部高度法和 AAR 法等方法，对我国西部末次冰期时不同地区的平衡线高度进行了重建研究，并绘制了 LGM 时平衡线高度分布图[见《中国第四纪冰川与环境变化》（施雅风等，2006）中图 3-15]。结果表明，青藏高原 LGM 时 ELA 空间分布与现代类似，均呈不对称的环形，并以高原寒旱核心区（羌塘高原以及西昆仑山主山脊线以南广大区域）为高值中心，LGM 时 ELA 超过海拔 5600 m a. s. l.，向外围呈降低趋势，在祁连山东北边缘，LGM 时 ELA 最低降至 3800 m a. s. l.。将 LGM 时 ELA 与现代 ELA 比较，发现从羌塘高原向东到唐古拉山的广大高原面上 LGM 时 ELA 下降幅度较小，一般仅下降 200～300 m，而在高原边缘地区下降幅度较大，如青藏高原东缘、秦岭最西段的迭山 ELA 下降了约 1000 m，贡嘎山东坡下降值也达 900 m，云南玉龙雪山地区下降了 800 m，珠穆朗玛峰南坡下降了 500～800 m，中国境内天山和阿尔泰山 LGM 时的 ELA 也下降了 400～620 m。

3.3　冰筏碎屑沉积与 Heinrich 事件

　　冰盖边缘的冰架或入海冰川发生崩解形成的冰山会随洋流而漂移。冰山在随洋流移动过程中会因海水和气温高于 0°C 而融化。融化的冰山会释放出夹在其中的冰川侵蚀的岩石碎屑，并沉入海底，成为海洋沉积物中的冰筏碎屑（ice rafted debris，IRD）。分析海洋沉积物中这些冰筏碎屑随时间的变化，可以揭示与冰盖（冰川）变化相关的气候环境变化事件。对北大西洋东部三支深海岩芯的研究（Heinrich，1988），发现末次冰期时这三支岩芯均存在大于 180 μm 冰筏碎屑含量突然增多和冷水浮游有孔虫相对含量增加的层位，而且非常一致，每支岩芯都有 11 个这样的层位，其中上部 6 个层位尤为突出（图 3-6）。这 6 个显著的冰筏碎屑层位对应末次冰期时的冷事件，并称为 Heinrich 事件 1、2、3、4、5 和 6。对深海沉积物 ^{14}C 测年以及深海岩芯沉积记录与格陵兰冰芯记录的对比研究，表明这 6 次 Heinrich 事件发生的时间分别约在 16.8 ka BP、24 ka BP、31 ka BP、38 ka BP、45 ka BP 和 60 ka BP，即它们的发生有 8~9 ka 的周期。每次事件的发生都是突然开始的，但各次事件的持续时间为 200~2300 年。目前，关于 Heinrich 事件发生的原因，大多认为与北美古劳伦泰德冰盖（Laurentide Ice Sheet）的不稳定性有关。然而，古劳伦冰盖的不稳定性是由冰盖内部因素导致的，还是由外部因素导致的，目前存在争议。

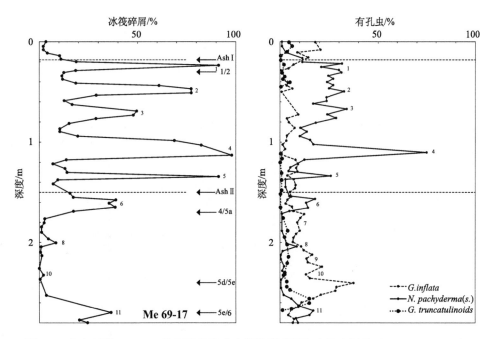

图 3-6　北大西洋 Me69-17 孔沉积物岩芯中的冰筏碎屑与有孔虫记录（Heinrich，1988）

冰筏碎屑比例是冰筏碎屑数量占其与所有有孔虫数量之和的比例；有孔虫比例是某种有孔虫数量占所有有孔虫数量的比例；
Ash Ⅰ 和 Ash Ⅱ 是深海氧同位素阶段的界线

3.4　基于冰川钻孔温度重建的古温度变化

　　对于冷冰川而言，其冰面温度变化可以向下传导，因此，可以利用冰川钻孔温度来反演冰面温度变化。基于格陵兰冰盖 Dye 3 钻孔温度，利用变分法和尝试法两种方法对过去冰面温度进行了重建，发现其变化趋势是相对一致的，并且末次冰期时的平均温度为 −32±2℃，比现今低 12℃（图 3-7）。Dahl-Jensen 等（1998）用蒙特卡罗方法对 GRIP 钻孔温度进行了古气候重建，试验了 330 万种参数随机组合，选定了其中 2000 个解进行分析，并与 Dye 3 钻孔的重建结果进行了对比（图 3-8）。结果表明，末次冰期最盛期、气候适宜期、中世纪暖期、小冰期和 1930 年前后暖期的平均温度变幅分别为 −23℃、2.5℃、1℃、−1℃ 和 0.5℃；Dye 3 钻孔的重建结果与 GRIP 钻孔相似，但其变化幅度是 GRIP 钻孔的 1.5 倍。

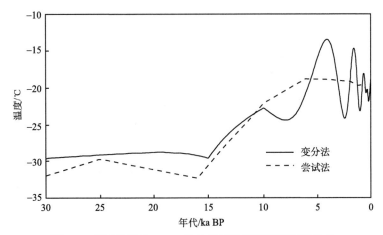

图 3-7　基于格陵兰 Dye 3 钻孔温度的冰面温度重建结果

实线为变分法计算结果（Macayeal et al., 1991）；虚线为尝试法计算结果（Dahl-Jensen and Johnsen, 1986）

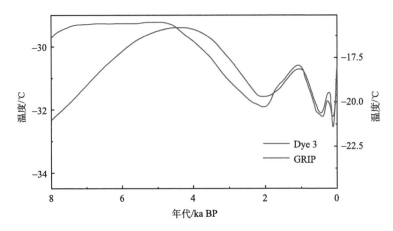

图 3-8　基于 Dye 3 钻孔温度（蓝色，对应右侧纵坐标）和 GRIP 钻孔温度（红色，对应左侧纵坐标）
获得 8 ka BP 以来的冰面温度变化（Dahl-Jensen et al., 1998）

基于西南极冰盖一个 300m 深的钻孔温度，利用最小二乘法进行了古气候重建，结果表明公元 1300~1800 年这 500 年之间温度比过去 1000 年的平均值要低，公元 1400~1800 年的平均温度比过去 100 年低 0.52±0.28℃。利用南极半岛深度 430m 的钻孔温度，利用 Tikhonov 正则化方法进行了过去 200 年的温度重建，结果如图 3-9 所示。由该图可以看出，最冷的时期为 1920~1940 年，温度为−16.2℃，之后开始增温至 1995 年前后，再降温后又升温。

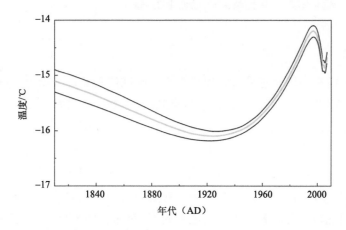

图 3-9　基于南极半岛冰川钻孔温度恢复的近 200 年温度变化（Zagorodnov et al.，2012）

思　考　题

1. 冰川典型的侵蚀地貌和沉积地貌特征是什么？
2. 古雪线高度研究的方法有哪些？
3. 哪类冰川的钻孔温度适合古温度重建？为什么？

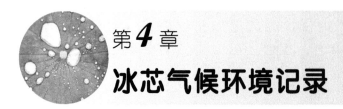

第*4*章
冰芯气候环境记录

冰芯因其分辨率高、信息量大、保真性强、时间序列长而成为研究过去气候环境变化的极佳介质。冰芯不但记录着过去气候环境各种参数（如气温、降水、大气化学与大气环流等）的变化，而且也记录着影响气候环境变化驱动因子（如太阳活动、火山活动和温室气体等）的变化，同时还记录着人类活动对环境的影响。目前，冰芯研究已成为过去全球变化研究的重要手段，同时也成为与大气化学、地球化学、气象学、气候学、海洋学、生物学、放射性化学、天文学等学科之间交叉性极强的一个前沿研究领域。本章将主要介绍南北极冰芯和第三极冰芯记录的不同时间尺度的气候环境变化过程和人类活动对环境的影响。

4.1　南北极冰芯气候环境记录

自 20 世纪 60 年代以来，在格陵兰冰盖和南极冰盖已钻取了大量冰芯（表 4-1）。通过对这些冰芯的研究，人们对过去气候环境变化取得了新的认识，如在冰期-间冰期时间尺度上气候变化与温室气体的关系、末次冰期气候变化的突变事件等。

表 4-1　南极和格陵兰冰盖主要深冰芯钻取点资料

地区	地点	纬度	经度	海拔 /m a. s. l.	积累率 /（mm/a）	气温 /℃	冰芯长度 /m	钻取完成 年份
南极	Vostok	78°28′S	106°48′E	3490	23	−55.5	3769.3	2012
	WAIS	79°28′S	112°05′W	1766	22	−31	3405	2011
	EPICA Dome C	75°6′S	123°21′E	3233	25	−54.5	3259.7	2004
	Dome F	77°19′S	39°40′E	3810	23	−57.0	3035.2	2007
	EDML	75°00′S	00°04′E	2822	64	−44.6	2774	2006
	Byrd	80°1′S	119°31′W	1530	100~120	−28.0	2164	1968
	Talos Dome	72°47′S	159°04′E	2315	80	−40.1	1620	2007
	Law Dome	66°46′S	112°48′E	1370	700	−22.0	1195.6	1993
	Siple Dome	81°40′S	148°49′W	621	124	−24.5	1004	1999

续表

地区	地点	纬度	经度	海拔 /m a. s. l.	积累率 /（mm/a）	气温 /℃	冰芯长度 /m	钻取完成 年份
南极	Berkner Island	78°18′S	46°17′W	886			948	2005
	Komsomolskaya	74°5′S	97°29′E	3498			850	1983
	Novolazarevskaya Station	70°46′S	11°50′E	1500			812	1977
	Dome B	77°5′S	94°55′E	3600			780	1988
	Taylor Dome	77°48′S	158°43′E	2365	50~70	−43.0	554	1994
格陵兰	NGRIP	75°6′N	42°19′W	2917	190	−31.5	3085	2003
	GISP 2	72°35′N	38°29′W	3214	248	−31.4	3053	1993
	GRIP	72°35′N	37°38′W	3238	230	−31.7	3029	1992
	NEEM	77°45′N	51°4′W	2450	220	−29	2540	2010
	Dye 3	65°11′N	43°49′W	2490			2037	1981
	Camp Century	77°10′N	61°8′W	1885	380		1387	1966
	Site 2	76°59′N	56°04′W	2100			411	1957
	Crete	71°7′N	37°19′W	3172	298	−30.4	405	1974
	Milcent	70°18′N	45°35′W	2410	530	−22.3	398	1973
	Renland	71°18′N	26°42′W	2340			324.35	1988

4.1.1 轨道时间尺度和千年时间尺度气候环境变化记录

冰芯中的氢、氧稳定同位素比率是冰芯研究中重建过去气温变化的主要代用指标。南极 Vostok 冰芯氢、氧稳定同位素比率记录了四个完整的冰期-间冰期旋回的气候变化，EPICA Dome C 冰芯将记录追溯到 800 ka BP（图 4-1），包含了 8 个冰期-间冰期旋回的气候变化。重建结果表明：受地球轨道参数的影响，气候变化具有 100 ka、40 ka 及 19~23 ka 的变化周期，其中 100 ka 旋回为主导周期，而且 800~430 ka BP 的气温波动幅度和周期较 430 ka BP 以来的气温波动幅度有所减小。在一个完整的冰期-间冰期旋回中，冰期通常占旋回长度的 80%以上，而间冰期（持续 10~30 ka）只占不到 20%。对比分析东南极洲内陆 EPICA Dome C、Dome F 及 Vostok 冰芯稳定同位素比率记录，表明过去 400 ka 以来在东南极洲空间大范围尺度上气候变化具有很好的一致性（图 4-1）。依据米兰科维奇理论，南极冰芯中记录的冰期-间冰期气候变化的主要驱动因子是北半球高纬度地区夏季接受的太阳辐射变化。

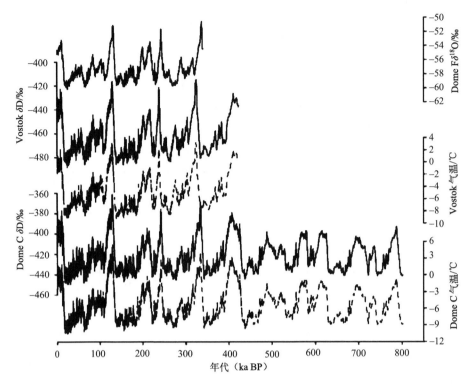

图 4-1　南极冰盖 Dome F、EPICA Dome C 和 Vostok 冰芯稳定同位素比率及重建温度时间序列（EPICA Community Members，2004）

　　第四纪冰期-间冰期旋回的最显著特征之一是其主导周期在 900 ka BP 左右发生了重大转型，从之前的 40 ka 主导周期转为之后的 100 ka 主导周期（即中更新世气候转型）。尽管许多与温室效应有关的假设被用于解释中更新世气候转型，但迄今其内在机制仍不清楚。因此，在南极冰盖寻取百万年尺度的冰芯记录意义重大，这也是国际冰芯科学研究计划（IPICS）的首要目标之一。位于东南极洲冰盖最高点的 Dome A，具有年平均气温低（–58℃）、积累率低（<25 mm w.e./a）、冰流速度慢、冰厚度超过 3000 m 等特征，满足了获取超过百万年冰芯记录的必要条件，是通过冰芯记录辨识中更新世气候转型机制的理想之地。

　　格陵兰 GISP2 和 GRIP 冰芯记录了末次间冰期以来详细的气候变化过程信息，发现不论是在末次间冰期，还是在末次冰期，气候均存在频繁变化的特征。GRIP 冰芯记录表明末次间冰期（133～75 ka BP）阶段内的气候变化非常剧烈。例如，MIS 5e 阶段（133～114 ka BP）气温比全新世高 5℃左右，期间存在若干数百年至数千年尺度的冷暖波动（有两次持续 5 ka 左右的极冷气候事件），可划分出 5 个次一级的亚阶段，即 5e1（3 ka）、5e2（5 ka）、5e3（1 ka）、5e4（5 ka）和 5e5（2 ka）阶段，其中 5e2 与 5e4 为冷阶段，5e1、5e3 和 5e5 为暖阶段，各亚阶段内又明显地存在一系列数百年时间尺度的气候冷暖波动。GRIP 冰芯中 5b 和 5d 阶段的气温均比末次冰期 MIS 2 和 MIS 4 阶段高，与 MIS 3

阶段（末次冰期间冰阶）的气温相差不大（$\delta^{18}O$ 值平均为–40‰左右），各阶段内也存在变幅较小的气候波动。为了高分辨率重建末次间冰期以来的气候环境变化，尤其是温度、降水、温室气体等重要指标，以确认末次间冰期时气候是否比现在更暖，以及查验末次间冰期时是否出现快速气候变化等，多国科学家在格陵兰冰盖联合实施了 NEEM 冰芯计划，以获取末次间冰期以来的冰芯气候环境记录信息。

20 世纪 80 年代之前，人们普遍认为末次冰期时气候是相对稳定的。Willi Dansgaard 通过对格陵兰 Dye 3 冰芯中 $\delta^{18}O$ 高分辨率记录的研究，发现末次冰期时存在多次气候突变事件，即气候在几十年甚至更短的时间内迅速变暖 5～10℃并进入间冰阶（interstadial），而在随后的几个世纪至几千年的时间里气候逐渐变冷并进入冰阶（stadial）。这一发现革新了人们对末次冰期气候变化的认识，同时也引起了人们对气候突变事件的研究。格陵兰 GRIP 冰芯记录清晰地揭示出，在末次冰期时存在 24 个气候突变事件（图 4-2）。由于这些气候突变事件是 Willi Dansgaard 教授在 Dye 3 冰芯记录中首先发现的，之后被 Hans Oeschger 教授所证实并给出解释，人们将其称为 Dansgaard-Oeschger 事件（即 D-O 事件）。近年来，不同地区高分辨率的石笋、湖泊和海洋等沉积记录研究表明，D-O 事件的发生和影响至少在北半球空间大范围尺度上是广泛存在的。一些研究表明 D-O 事件的发生与北大西洋深层水形成速率的变化有关，也有一些研究认为与北半球冰盖的高度变化有关。随着人们对气候突变事件及其发生机制与原因研究程度的深入，这无疑将有助于气候变化预测能力的提高。

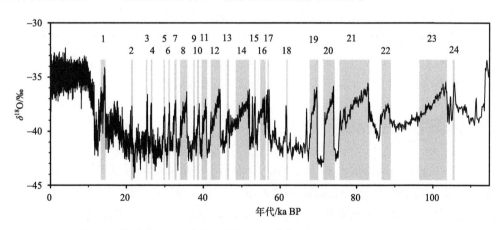

图 4-2　格陵兰 GRIP 冰芯记录的 D-O 事件（Dansgaard et al.，1993）

注：图中数字代表 D-O 事件的次数

南北极冰芯中气候事件的位相关系对理解南北半球气候系统耦合与相互作用机制至关重要。格陵兰冰芯记录表明，末次冰期时发生了一系列持续数百年至数千年时间尺度的气候突变事件（Dansgaard et al.，1993），即 D-O 事件和新仙女木（Younger Dryas，YD）事件。南极冰盖占据的空间范围十分宽广，其不同区域气候变化在千年尺度上是否具有相对一致性，是南北极冰芯记录的千年尺度气候事件对比的基础。南极 Law Dome、Talos Dome、Siple Dome、EDML 和 Byrd 冰芯中 $\delta^{18}O$ 记录曲线[图 4-3（a）]，尽管其变化幅度具有一定的差异性（这可能是由水汽来源、当地冰盖高度演化历史、降水季节性等因素的差异导致的），但其变化在千年尺度上具有相对一致性，并且其合成曲线与 EPICA Dome C 冰芯中 $\delta^{18}O$ 变化也比较一致。这些说明在千年尺度上南极气温变化过程具有相对一致性。与北极地区相比，南极地区气候变化幅度相对和缓。Vostok、EPICA Dome C、EDML、Byrd 等南极内陆冰芯稳定同位素比率记录多次出现（相对于末次冰期时）增温幅度 1～3℃ 的变暖事件，被称为南极同位素比率极值事件（Antarctic Isotope Maxima events）。南极冰芯记录未发现 YD 事件，但在北半球 YD 事件发生之前出现"南极气候转冷"（Antarctic Cold Reversal，ACR）事件。为研究南北极地区气候事件的位相关系，以大气 CH_4 浓度作为定年对比标准，将格陵兰 GISP2 冰芯和南极冰芯过去 90 ka 来的 $\delta^{18}O$ 记录统一到同一定年标尺下。结果表明，在 MIS2 阶段，南极千年尺度上大的变暖事件与 D-O 振荡强信号呈跷跷板式（the bipolar seesaw）的振荡变化，即南极升温时，北极降温，反之亦然。在 MIS3 阶段，所有的南极同位素比率极值事件与格陵兰 D-O 振荡中的冰阶一一对应[图 4-3（b）]。另外，南极 ACR 事件（发生于 14.4～12.9 ka BP）也正好与格陵兰 Bølling-Allerød 暖事件相对应[图 4-3（a）和图 4-3（c）]。由此可见，末次冰期时南北两极地区气候变化在数百年至数千年时间尺度上存在"跷跷板"效应，其联系是通过海洋经向翻转流实现的。

　　极地冰芯记录揭示了在千年尺度上气温变化幅度存在区域差异性。要分析这些区域差异性及驱动机制，需要更多的高分辨率冰芯记录和高分辨率气候模式模拟结果。针对南北极气候变化"跷跷板"效应的研究，需进一步提高冰芯的年代学精度及分辨率，以便揭示更短时间尺度上南北极气候变化的位相关系及其原因。

4.1.2　太阳活动变化记录

　　大气中宇宙成因同位素（如 ^{14}C、^{10}Be、^{36}Cl 等）含量的变化可以揭示太阳活动状况。南极 Vostok 冰芯研究发现，在冰期-间冰期时间尺度上冰芯中 ^{10}Be 浓度的变化主要是由气候状况变化（主要是降水变化）引起的。可是从 Vostok 冰芯中发现的末次冰期时的 2 个 ^{10}Be 浓度峰值事件（分别出现在大约 35 ka BP 和 60 ka BP）却无法用降水变化解释。其中发生在 35 ka BP 的 ^{10}Be 浓度峰值事件已得到了全球不同地域冰芯记录和海洋记录的支持。进一步研究表明，当时弱的太阳活动和弱的地磁场是该事件发生的主要原因。至于 Vostok 冰芯中记录的 60 ka BP 时的 ^{10}Be 浓度峰值事件，目前还缺乏其他地区证据的支持。

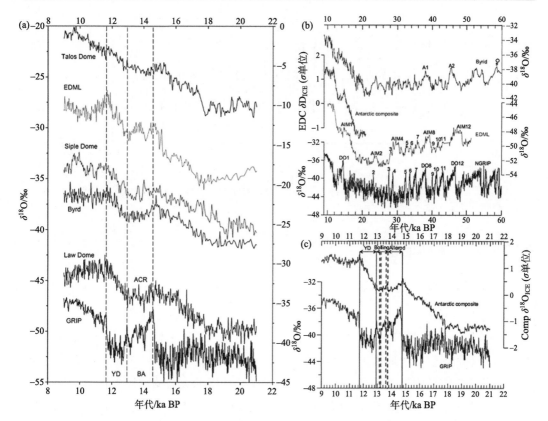

图 4-3　（a）末次冰期 GRIP、Law Dome、Byrd、Siple Dome、EDML 及 Talos Dome 冰芯 δ^{18}O 记录对比；（b）南极冰芯记录的同位素比率极值事件与格陵兰冰芯 D-O 振荡对比；（c）末次冰期南极冰芯 δ^{18}O 记录的合成曲线与格陵兰冰芯的对比（EPICA Community Member，2006）

　　由于目前人们还无法准确估计在冰期-间冰期时间尺度上降水变化对于冰芯中 ^{10}Be 浓度变化的影响程度，因此这一时间尺度上太阳活动信息的建立受到一定限制。但研究表明，全新世时期冰芯中的 ^{10}Be 浓度记录受降水变化的影响较小，可以很好地揭示太阳活动状况，并发现大约在 5600 BC、5100 BC、4200 BC、3500 BC、2800 BC、1900 BC、700 BC、300 BC、800 年、1100 年和 1700 年时期太阳活动相对较弱。虽然 ^{14}C 在反映全球平均的宇宙成因同位素产生速率方面优于 ^{10}Be，但 ^{10}Be 在大气中的滞留时间很短，仅为 1~2 年，因此冰芯中 ^{10}Be 记录比树轮中 Δ^{14}C 记录能更好地反映太阳活动的变化信息。高分辨率的格陵兰冰芯记录表明（图 4-4），冰芯中的 ^{10}Be 浓度可以很好地揭示太阳活动的 11 年周期。在太阳活动较弱时期内（如 Maunder 极小期和 Sporer 极小期等）黑子周期是否存在，直接关系到太阳发电机理论的正确性。格陵兰冰芯中的 ^{10}Be 浓度记录表明，在 Maunder 极小期和 Sporer 极小期内太阳活动的黑子周期是存在的。太阳活动对于地球气候变化的影响在冰芯记录中有明显的表现。

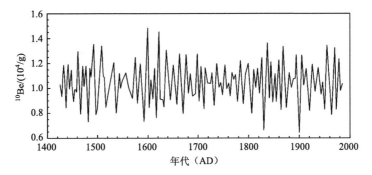

图 4-4　格陵兰 Dye 3 冰芯记录的 ^{10}Be 浓度变化（Beer et al.，1998）

4.1.3　火山活动记录

冰芯固体电导率、SO_4^{2-}浓度、H^+浓度和火山灰是冰芯中可以揭示火山喷发信息的指标。目前人们可以通过冰芯记录揭示历次火山喷发的量级。冰芯记录的火山活动不仅极大地扩展了人们对于地球火山喷发历史的认识，而且增强了人们对于火山喷发与气候变化之间关系的理解。一般来说，低纬度火山喷发的影响范围可以波及全球，而中高纬度火山喷发的影响范围仅限于半球尺度。但如果中高纬度的火山喷发极为强烈，其喷发物质也可以通过平流层影响全球范围。例如，大约公元 117 年时新西兰 Taupo 火山喷发的烟柱估计高达 55 km，在格陵兰冰芯中清楚地记录到这次喷发的信号。研究表明，不论是南半球冰芯还是北半球冰芯，它们所记录的火山活动均与各自半球的其他火山活动指标（如尘幕指数、火山喷发指数等）具有很好的相关性。近 2ka 来格陵兰冰芯记录的 69 次过量 SO_4^{2-}浓度事件中，85%与文献记录的火山喷发相吻合，其余 15%为文献未记载的火山活动。这些证据表明冰芯记录的真实性、可靠性和全面性。

过去 110 ka 来格陵兰高分辨率冰芯记录研究表明（图 4-5），火山喷发主要集中在三个时期，即 17～6 ka BP（尤其是 13～7 ka BP）、36～27 ka BP 和 85～79 ka BP，其中第一个时期火山活动较强，并与北半球冰盖消退、海平面上升期相一致，而后两个时期火山活动相对较弱，与冰盖增长、海平面下降期相对应。这一发现极大地支持了陆地冰量变化及洋盆水量变化会导致火山活动增强的理论。同时 36～27 ka BP 和 85～79 ka BP 两个时期的火山喷发，分别加强了 LGM 时与末次冰期寒冷气候的发展。从南极冰芯中也发现晚冰期时火山玻璃沉积明显增加。全新世火山活动主要发生在早全新世，如格陵兰冰芯记录表明 SO_4^{2-}浓度超过 100ng/g 的火山喷发事件在 9～7 ka BP 时期有 18 次，而在 2～0 ka BP 仅有 5 次。冰芯记录表明，近 2 ka 来地球火山活动有增强趋势，其中最大的一次火山喷发是公元 1257 年印度尼西亚 Samalas 火山喷发，这次喷发事件在两极冰芯中都具有明显的记录。同时，格陵兰冰芯记录表明，1580～1640 年和 1780～1830 年是近 2 ka 来火山活动的两个主要多发期，并导致了气候显著变冷。

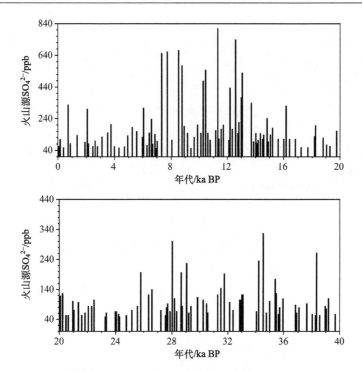

图 4-5   GISP2 冰芯记录的过去 40 ka 火山活动信息（Zielinski et al.，1996）

4.1.4   大气温室气体含量变化记录

冰芯气泡内气体的提取和分析是恢复过去大气成分连续变化最直接的方法。在冰期-间冰期循环时间尺度上，大气中温室气体含量的变化幅度是比较大的。Vostok 冰芯记录表明，大气中 CO_2 和 CH_4 含量分别可以从冰期时的约 180 ppmv[①]和 320～350 ppbv[②]增加到间冰期时的 208～300 ppmv 和 650～770 ppbv。基于南极 Byrd 和 Dome C 冰芯的分析结果，LGM 时大气 CO_2 浓度比工业革命前约低 30%。自工业革命以来，由于人类活动的影响，冰芯记录的大气中 CO_2、CH_4 和 N_2O 浓度急剧升高（图 4-6）。

对南极 Vostok 冰芯的研究，首次发现了过去 150 ka 以来的冰期-间冰期旋回中，大气 CO_2 浓度与气温之间存在显著的正相关性。此后，南极 Vostok 冰芯揭示了四个冰期-间冰期旋回、EPICA Dome C 冰芯揭示了八个冰期-间冰期旋回的气温和温室气体浓度变化，均证实在冰期-间冰期旋回尺度上大气温室气体浓度与气温之间存在稳定的正相关性，同时认为大气温室气体浓度的变化可以解释冰期-间冰期气温变化的 50%～60%。另外，基于冰期-间冰期尺度上大气温室气体浓度与气温之间的相关性，还估算了气候对温

---

① 1 ppmv=10^{-6}，全书同。

② 1 ppbv=10^{-9}，全书同。

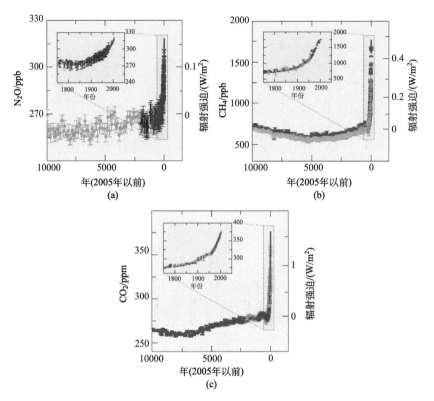

图 4-6　最近 10 ka 和公元 1750 年（嵌入图）以来大气氧化亚氮（a）、甲烷（b）和二氧化碳（c）浓度的变化（Solomon et al.，2007）

图中所示测量值分别源于冰芯（不同颜色的符号表示不同的研究结果）和大气样本（红线），所对应的辐射强迫值见图右侧纵坐标

室气体变化的敏感性，并认为在 CO_2 倍增情况下气温会上升 3～4℃。这与目前普遍认为的 CO_2 倍增情况下全球气温将上升 2～4.5℃ 的结果是一致的。

关于大气温室气体浓度与气温变化之间的位相关系是科学界极为关注的重大问题之一。然而，目前关于二者之间超前或滞后关系的相关研究结果并不完全一致。格陵兰冰芯研究结果表明，末次冰消期大气中 CO_2 和 CH_4 含量的增加比格陵兰气温回升早 2～3 ka，进一步研究认为这很可能与北半球中纬度大陆气温回升较早有关；然而，对于格陵兰 GISP2 冰芯中 Old Dryas 冷期向 Bølling 暖期转换时期气泡中 $\delta^{15}N$（温度指标）和 CH_4 浓度的同时分析与研究，不仅发现气温在约短短的 70 年间升高了 9±3℃，而且发现气温开始升高的时间比 CH_4 浓度开始增加的时间早 20～30 年。南极 Vostok 冰芯的研究结果显示，在倒数的三次冰消期中，大气中 CO_2 含量的增加滞后于气温上升约 600±400年；Dome C 冰芯记录也表明在末次冰消期大气中 CO_2 含量的增加滞后于气温上升约 800±600 年；Taylor Dome 冰芯记录则揭示出在末次冰期中大气 CO_2 含量变化滞后于气温变化约 1200±700 年。一些研究指出，温室气体含量变化相对于气温变化的滞后时间在冰-气年龄差异的误差范围之内。对过去不同时期二者变化之间位相关系的深入研究，将有助于人们理解大气温室气体浓度变化与气候变化之间的关系及其相互作用的机制。

4.1.5　生物质燃烧变化记录

冰芯中记录的左旋葡聚糖是重建森林火灾等生物质燃烧的代用指标。南极 Talos Dome 冰芯提供了过去 6 ka 以来中–晚全新世时段的左旋葡聚糖记录（图 4-7）。Talos Dome 冰芯中的左旋葡聚糖记录主要受到来自澳大利亚和南美等地区生物质燃烧变化的影响。Talos Dome 冰芯记录显示，在大约 4 ka 前左旋葡聚糖记录开始逐渐升高，至 2.5～1.5 ka BP 出现了峰值，这可能和南美洲南部地区在 2 ka BP 前气候变干转型有关。

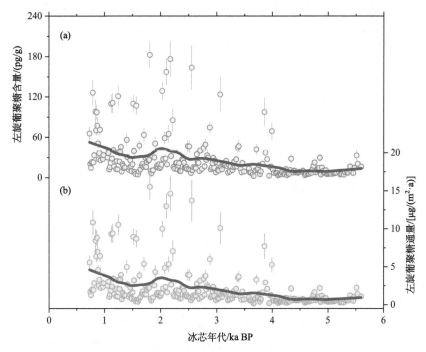

图 4-7　南极 Talos Dome 冰芯中过去 6 ka 的左旋葡聚糖记录（Battistel et al.，2018）

（a）原始记录；（b）去除极值记录

格陵兰 NEEM 冰芯提供了过去 15 ka 来的左旋葡聚糖记录。NEEM 冰芯中的左旋葡聚糖记录主要受到来自欧亚大陆和北美大陆高纬度地区的森林火灾等的影响。NEEM 冰芯中左旋葡聚糖记录结果显示（图 4-8），在 15～11.5 ka BP 的末次冰期生物质燃烧水平较低。进入全新世以后（11.5 ka BP 至今），左旋葡聚糖记录反映的生物质燃烧水平持续升高，在大约 2.5 ka BP 达到全新世以来的最高水平，可能反映了欧洲地区在这一时段人类活动增强的影响。

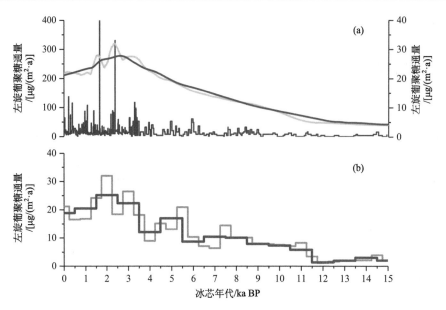

图 4-8　格陵兰 NEEM 冰芯中过去 15 ka 来的左旋葡聚糖记录

（a）原始记录（黑线）与窗口 0.2 和 0.5 LOWESS 滑动；（b）1.0 ka（紫色）和 0.5 ka（灰色）平均值变化（Zennaro et al.，2015）

4.1.6　微生物与环境记录

　　Abyzov 等最早对南极 Vostok 湖上部冰芯 1500～2750 m（年代为 107～200 ka BP）中微生物进行研究，发现冰芯中微生物与冰川形成时的环境相关。通过过滤的方法把冰芯融水中的微生物过滤到膜上，用荧光染料染色后在显微镜下观察，发现冰芯中微生物多样性丰富，以细菌为主，包括酵母、真菌和藻类等（图 4-9），而且在粉尘较多的污化层中含有的微生物种类也较多。对南极东部 Dronning Maud Land 冰芯 11 m（1989 年）、33 m（1953 年）和 49 m（1926 年）三个深度的可培养细菌数量、多样性和化学成分分析发现，较高的细菌数量对应着较高的海盐钠离子（sea-salt sodium，ssNa）和粉尘浓度，表明细菌可能是随粉尘和海洋气溶胶沉降到冰芯中的。

　　截至目前，时间跨度最长、分辨率最高的极地冰芯微生物记录出自西南极冰盖 WAIS Divide 冰芯，记录的时间从 LGM 到全新世早期（early Holocene，EH）（图 4-10）。记录显示微生物数量（10^4～10^5 cells/mL）在几个主要气候阶段有不同的变化特征。在末次冰消期（last deglaciation，LDG）微生物数量约有 1500 年周期的较强振幅，LGM 和 EH 微生物数量高于 LDG，但变化幅度小于 LDG。LGM 到 LDG 过渡时期，微生物数量降低。微生物数量与海盐钠离子和燃烧排放黑碳显著相关，统计模型、图形分析以及甲基磺酸检测结果都表明微生物数量随时间的变化可以反映西南极地区海洋、海冰和环境的变化。微生物源区和传输过程的变化是 WAIS Divide 冰芯微生物数量随时间变化的主要因素，

LGM、LDG 和 EH 时期微生物数量的不同是由于不同时期气候变化的差异性导致的。WAIS Divide 冰芯记录表明，微生物数量的长期变化可以反映气候环境的变化过程。

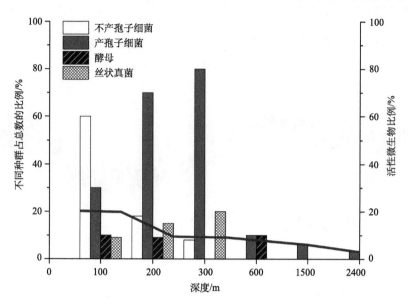

图 4-9　南极冰盖不同深度活性微生物的系统群分布及其占总计数的百分比（Abyzov et al.，1999）

　　北极冰芯微生物的数量高于南极。用荧光显微镜和流式细胞仪检测格陵兰冰芯微生物数量平均为 6×10^7 cells/mL，最高的出现在格陵兰 GISP2 冰芯底部，其微生物数量超过 10^8 cells/mL，且与高浓度的 CO_2 和 CH_4 相关。目前，虽然北极冰芯还没有连续的高分辨率的微生物记录，但相关研究发现，与南极冰芯一样，格陵兰冰芯中微生物与其沉积时的气候环境密切相关。在冷期冰芯中离子浓度高，微生物数量多，尤其是真菌数量更多（图 4-11）。粉尘、海洋气溶胶和火山灰是影响格陵兰冰芯微生物数量的主要因素，不同历史时期的局部环境和全球大气环流影响了格陵兰冰芯微生物的来源和组成。对比分析格陵兰 GISP2 冰芯 5 个不同深度（分别对应 500 a BP、10.5 ka BP、57 ka BP、105 ka BP 和 157 ka BP）和南极 Byrd 冰芯 3 个深度（分别对应 500 a BP、30 ka BP 和 70 ka BP）的微生物，发现微生物数量最多的冰层对应的大气 CO_2 浓度、温度和粉尘浓度却比较低。由此可见，冰芯微生物数量的时空差异反映了气候环境的时空差异。

　　除直接对微生物计数外，还有研究对南北极冰芯中主要指示微型藻类数量的叶绿素（Chl）和色氨酸（Trp）进行了分析。通过荧光光谱法绘制叶绿素和色氨酸的自荧光强度分析不同深度冰芯中微型藻类数量，发现叶绿素和色氨酸的浓度表现出高达 25% 的年变化率，并于当地夏季相对应的层位深度处出现峰值（图 4-12）。这说明冰芯夏季层位中微型藻类数量较高，推测其反映了夏季较高的海洋生产力。蓝细菌等微型藻类可通过大气环流从温暖的海洋区域传输到南北极冰盖区域，冰芯中记录的这些微生物状况便可以反映历史时期海洋生产力的变化。

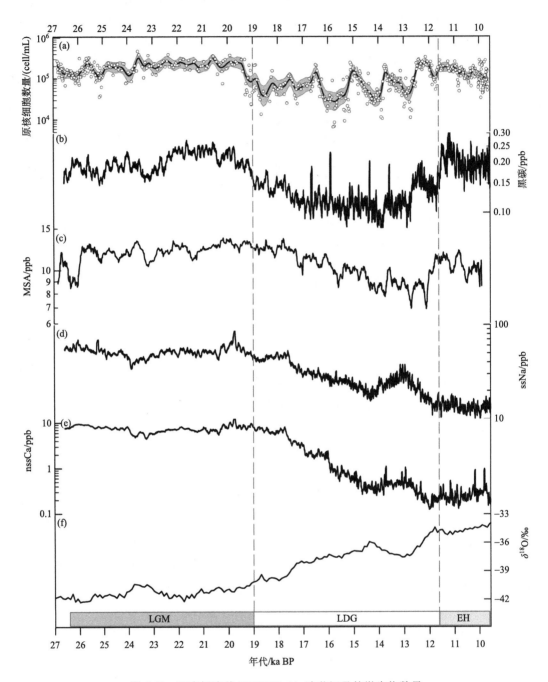

图 4-10　西南极冰盖 WAIS Divide 冰芯记录的微生物数量
与环境因子之间的关系（Santibanez et al.，2018）

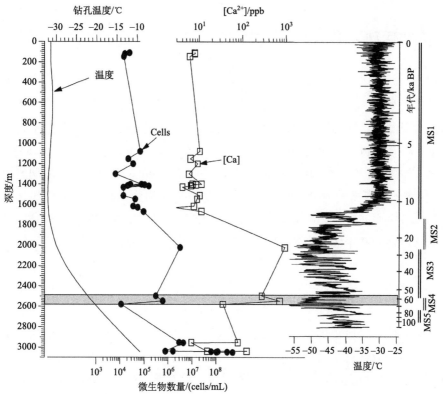

图 4-11   格陵兰 GISP2 冰芯记录的微生物数量随深度的变化及其与钻孔温度（原位温度）、冰芯记录的过去温度变化（沉积时的温度）和冰芯中 Ca^{2+} 浓度变化的比较（Miteva et al.，2009）

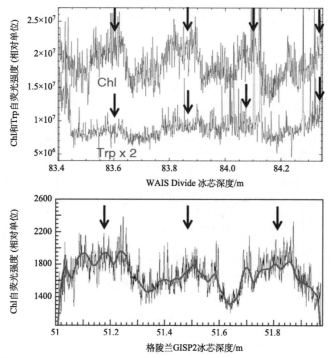

图 4-12   南北极冰芯中叶绿素（Chl）和色氨酸（Trp）自荧光强度的季节变化（Price et al.，2012）

4.1.7　人类活动记录

在南北极冰芯中，人类活动产生的 Pb、Hg 等重金属污染记录非常显著。南极 Dome C 冰芯记录表明，全新世早-中期冰雪中 Pb 含量大约为 0.5 pg/g，这与格陵兰冰芯记录的同期 Pb 含量一致，这指示了全球偏远地区全新世降水中 Pb 含量的自然本底。对南极 Coats Land 冰雪中 Pb 含量的研究，也认为现代自然来源的 Pb 含量大约为 0.8 pg/g，同时该地点冰雪中的 Pb 含量在 20 世纪 20 年代达到了 2.5 pg/g，表现出人类活动的影响。虽然近 70 年来该地点冰雪中 Pb 含量的变化幅度远不如格陵兰冰芯记录的 Pb 含量的变化幅度，但二者之间的变化趋势却具有一定的相似性，即自 20 世纪初以来均呈上升趋势，并分别在 20 世纪 60 年代（格陵兰）和 70 年代（南极）达到极大值。在南极许多地点，近期降水中的 Pb 含量均在 2 pg/g 以上。

格陵兰冰芯记录表明，古罗马文明时期的 Pb 含量（约 2 pg/g）大约是全新世早期的（～0.55 pg/g）4 倍，这指示了当时铅矿开采对环境的影响（图 4-13）。同期格陵兰冰芯中 Cu 含量的明显峰值正揭示了罗马帝国对于铜合金产品（用于军备器械和钱币等）需求的增加。对于近几百年来格陵兰冰雪中 Pb 含量的分析研究发现，人类工业化以后 Pb 含量逐渐增加，而自 20 世纪 30 年代世界经济复苏及汽车产业大发展（此时对于以铅作为添加剂的汽油的需求增加）以来，Pb 含量增加十分迅猛，到 60 年代冰芯中的 Pb 含量大约增加到 7 ka BP 前的 200 倍。对于近 200 多年来格陵兰顶部冰芯中 Zn、Cd 和 Cu 含量变化的研究，发现 18 世纪后期它们的含量（分别为 16 pg/g、0.27 pg/g 和≤2.8 pg/g）与各自在 7 ka BP 的含量几乎是一样的，此后它们的含量先后开始增加，并在 20 世纪 60 年代或/和 70 年代表现出极大值（此时 Cd 含量增加了 8 倍，Zn 含量增加了 5 倍，Cu 含量增加了 4 倍），随后它们的含量均在降低。Zn、Cd 和 Cu 含量的这种变化趋势与它们总的排放趋势（人为排放和自然排放）一致。

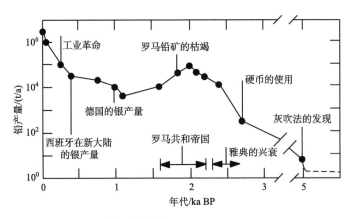

图 4-13　格陵兰冰芯铅记录（Hong et al.，1994）

4.2　第三极冰芯气候环境记录

中低纬度广泛分布的山地冰川为利用冰芯开展空间大范围气候环境变化研究提供了基础。一般山地冰川的净积累量较极地冰盖地区高，因此中低纬度山地冰芯记录具有更高的时间分辨率。同时，由于中低纬度冰芯更接近人类活动区，其记录所揭示的过去气候环境变化和人类活动对环境的影响更具有现实意义。目前，已在全球不同地区的山地冰川上钻取了大量冰芯，并利用这些冰芯记录高分辨率地恢复了不同地区过去的气候环境变化信息（图 4-14）。

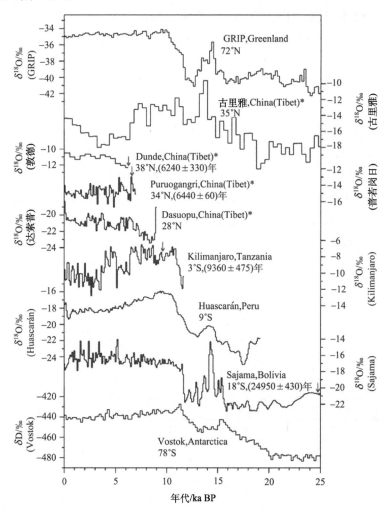

图 4-14　中低纬度山地冰芯气候记录与极地冰芯气候记录对比（Thompson et al.，2005）

青藏高原不仅发育了大量冰川，而且对亚洲乃至北半球的气候环境变化具有重要影响，该区域一直是山地冰芯研究的热点地区。20 世纪 80 年代中后期，姚檀栋院士和 Lonnie

G. Thompson 教授合作开始青藏高原冰芯研究。为了更好地理解和研究青藏高原冰芯记录，确立其中相关指标的气候环境意义，我国青藏高原冰芯古气候记录研究与现代过程研究几乎是同步进行的。对青藏高原降水 $\delta^{18}O$ 的分析研究始于 20 世纪 80 年代，随后建立了 TNIP（Tibetan Plateau Network for Isotopes in Precipitation）计划，对 20 多个站点的降水中稳定同位素变化进行了长期研究。经过 20 多年的数据积累和分析，最新的研究表明，整个青藏高原降水 $\delta^{18}O$-T 关系可以分为 3 个不同的区域，由北向南依次是：35°N 以北地区常年受中纬度西风环流控制，气温和降水在夏季为高值，在冬季为低值，降水中 $\delta^{18}O$ 也表现为夏高冬低，$\delta^{18}O$ 与气温在降水事件以及月、年尺度上都呈显著正相关关系；30°～35°N 地区是西风环流与季风影响的过渡地区，气温和降水在夏季为高值，在冬季为低值，降水中 $\delta^{18}O$ 的变化情况较为复杂，强印度季风会到达本区，造成 $\delta^{18}O$ 在事件尺度上与气温呈较弱的正相关关系，与降水量呈较弱的负相关关系，表现出较弱的降水量效应，但 $\delta^{18}O$ 与气温在月、年尺度上，都表现为明显正相关关系；30°N 以南地区，冬春季受中纬度西风环流控制，夏季受印度季风影响，气温夏高冬低，降水在早春和夏季分别出现两个高值期，降水中 $\delta^{18}O$ 冬末春初为高值，夏末为低值，$\delta^{18}O$ 与气温在月尺度上表现为负相关关系，与降水量呈现负相关关系，呈现出明显的降水量效应，但在年际或更长时间尺度上 $\delta^{18}O$ 与气温之间呈正相关关系。青藏高原不同地区现代降水 $\delta^{18}O$ 与气温的这种关系为本区冰芯中 $\delta^{18}O$ 作为气温代用指标提供了可靠的证据。

我国自 1987 年在祁连山敦德冰帽钻取了第一支透底冰芯以来，迄今为止已在第三极地区钻取了古里雅、达索普、普若岗日、慕士塔格、马兰、绒布、崇测、各拉丹冬、作求普等多支透底冰芯（表 4-2）。其中，1992 年在西昆仑山古里雅冰帽钻取的 309 m 透底冰芯，是在中低纬地区钻取的深度最深、记录时间最长的冰芯。

表 4-2　第三极地区钻取的主要深冰芯

冰芯	纬度	经度	海拔/m a.s.l.	冰芯长度/m	钻取完成时间/年
古里雅	35°8′N	81°23′E	6200	309.73	1992 与 2015
崇测	35°14.94′N	81°5.46′E	6105	216.61	2013
普若岗日	33°53′N	89°21′E	5980	214.7	2000
扩扩色勒	38°11.57′N	75°10.97′E	5700	189	2012
达索普	28°23′N	85°53′E	7200	167.7	1997
纳木那尼	30°23′N	81°23′E	6050	157.48	2006
各拉丹冬	33°35′N	91°11′E	5750	147	2005
敦德	38°8′N	96°38′E	5325	139.8	1987 与 2016
藏色岗日	34°18.1′N	85°51.24′E	6226	127.7	2009
珠穆朗玛	28°1.8′N	86°57.6′E	6518	117.06	2001
作求普	29°11.94′N	96°54.19′E	5545	115	2010
马兰	35°48.40′N	90°45.34′E	5680	102	1999

续表

冰芯	纬度	经度	海拔/m a. s. l.	冰芯长度/m	钻取完成时间/年
庙尔沟	43°3.33' N	94°19.36′ E	4512	58.74	2005
慕士塔格	38°16.9' N	75°5.8′ E	7010	54.6	2003
木吉	39°10.97' N	73°44.67′ E	5300	33	2011

4.2.1　末次间冰期以来的气候环境变化记录

利用 ^{36}Cl 对古里雅 309 m 冰芯底部进行定年的结果表明，古里雅冰芯最底层冰形成于几十万年前，是目前为止在极地以外发现的最老的冰。古里雅冰芯最上部年代是用污化层和 δ^{18}O 季节性定年法确定的，该冰芯中间部分是利用冰川流动模型法确定的。对古里雅冰帽第四纪古冰川范围的研究发现，从末次冰期至今，该冰帽的规模变化不大。这有利于利用冰川流动模型进行定年，同时基于流动模型获得的古里雅冰芯底部年龄与 ^{36}Cl 的定年结果基本一致。

图 4-15 是古里雅冰芯 δ^{18}O 记录反映的 125 ka 以来的温度变化。从该图中可以清楚地看到，该冰芯记录可以清楚地划分出同位素阶段 1（冰后期）、阶段 2（末次冰期晚冰阶）、阶段 3（末次冰期间冰阶）、阶段 4（末次冰期早冰阶）和阶段 5（末次间冰期），而且阶段 5 又可以分出 a、b、c、d、e 五个亚阶段。根据青藏高原地区降水中 δ^{18}O 与气温的关系以及古里雅冰芯中 δ^{18}O 记录，可以计算出 5a、5c、5e 三个暖峰的气温比现代分别高 3℃、0.9℃、5℃，5b 和 5d 两个冷阶段分别比 5e 和 5c 降温 3℃ 和 4℃ 以上。值得注意的是，5e 与 5d 间、5c 与 5b 间、5a 与阶段 4 间均以大幅度突变降温为特征，而 5d 与 5c 间、5b 与 5a 间则以阶梯式缓变升温为特征，这一特征可能有助于今后预测全球

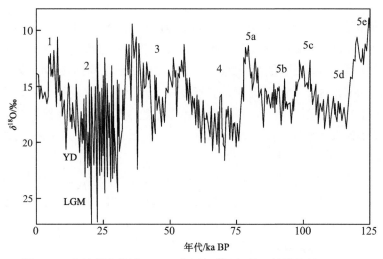

图 4-15　古里雅冰芯近 125ka 以来的 δ^{18}O 记录（姚檀栋等，1997）

变暖背景下该区域气候变化的过程。古里雅冰芯中阶段 3（58～32 ka BP）则出现异常高温，δ^{18}O 值高于现代，表明该时期气候已达到间冰期的程度。末次冰期时，气温最低出现在阶段 2 的 23 ka BP，在 23～30 ka BP 低温期时其温度较现代低约 10℃。15 ka BP 以来温度逐步回升，YD 时期气温突然降低，10.5 ka BP 左右气温又开始回升，之后进入全新世。9～8 ka BP 时期有一次降温事件，7～6 ka BP 时期是古里雅冰芯记录的全新世最暖期。同时，古里雅冰芯记录明确显示了青藏高原温度变化与太阳辐射的密切关系。从图4-16 可以看出，古里雅冰芯记录的温度变化存在显著的 20 ka 和 40 ka 周期，并且与北半球 60°N 太阳辐射变化呈现一致的变化趋势，但太阳辐射的上升和下降变化总是超前于温度变化，这是太阳辐射驱动气候变化的一个重要证据。

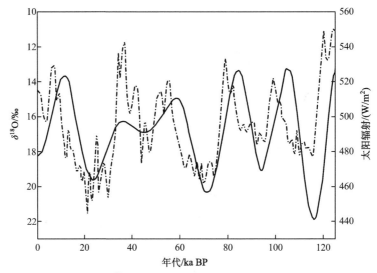

图 4-16　古里雅冰芯中 δ^{18}O 记录（虚线）与北半球高纬地区太阳辐射（实线）
变化的比较（姚檀栋等，1997）

　　将古里雅冰芯末次间冰期以来的气候记录与格陵兰 GISP2 和南极 Vostok 冰芯记录对比（图 4-17），可以看出这三支冰芯所显示的气候事件是一致的，而古里雅冰芯显示的冷暖变幅要大于南极和北极的冰芯记录。在北极 GISP2 记录和南极 Vostok 冰芯记录中同位素 3 阶段均为末次冰期中的弱暖期，温度虽高于同位素 2 阶段和 4 阶段，但显著低于全新世暖期和末次间冰期。然而，在古里雅冰芯中第 3 阶段则出现异常高温。青藏高原古湖泊与古植被研究也发现了这一特殊暖期。这一暖事件的原动力则可能是当时处于太阳辐射较强期。太阳辐射变化启动的这一弱暖期，经青藏高原的放大效应，引起了一次异常的大暖期事件。将古里雅冰芯中 YD 时段记录的 δ^{18}O 与格陵兰 Dye 3 冰芯 δ^{18}O 记录比较，发现它们大体上具有相似的趋势，但古里雅冰芯所记录的 YD 气候事件在时间上滞后于欧洲和格陵兰地区。这说明 YD 气候事件在青藏高原和格陵兰地区均受制于同一气候影响因素，但不同地区在时间上的响应存在差别。

　　Heinrich 事件是冰芯记录的最典型的亚轨道时间尺度气候突变事件之一。将古里雅

冰芯记录和格陵兰冰芯记录与该事件发生时代进行比较（图 4-18），可以看出古里雅冰
芯对 Heinrich 事件的记录也十分明显，在相当于北大西洋 Heinrich 事件时期，古里雅冰
芯和格陵兰冰芯明显出现气候变冷，但变冷的时间先后不同。过去 50 ka 以来所对应的
五次 Heinrich 事件都是以格陵兰的变冷早于古里雅的变冷为特征的，几乎是在格陵兰冰
芯记录的变冷达到最盛时，古里雅冰芯的变冷才开始。

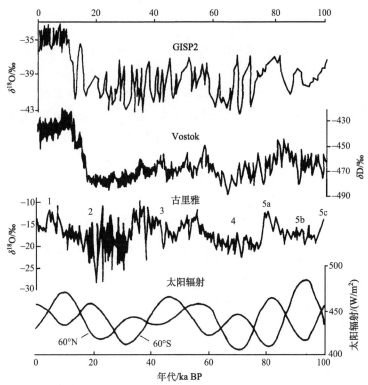

图 4-17　古里雅冰芯记录、格陵兰 GISP2 冰芯记录和南极 Vostok 冰芯记录的对比（姚檀栋等，2001）

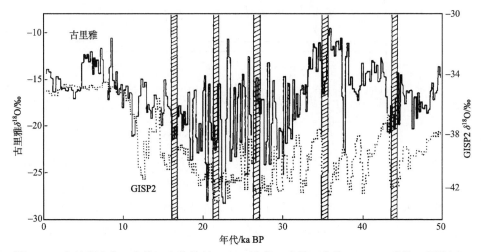

图 4-18　古里雅冰芯（实线）和格陵兰 GISP2 冰芯（虚线）中的 Heinrich 事件（阴影区）
记录（姚檀栋等，2001）

对于 YD 和 Heinrich 事件这样的亚轨道尺度气候突变，是不能用太阳辐射变化解释的。北大西洋传送带假说成为大家所接受的 Heinirch 事件的驱动源。一般认为，北美冰盖变化（如冰盖前缘湖溃决、冰盖高程变化等）是引起北大西洋地区气候变化的最终驱动源。

4.2.2　近千年来气候环境变化记录

对青藏高原敦德冰芯、古里雅冰芯、普若岗日冰芯和达索普冰芯等近 1000 年的 $\delta^{18}O$ 变化研究（图 4-19），揭示出青藏高原南部地区过去 1000 年来气温总体呈上升趋势，而青藏高原北部地区在 1000 年到 19 世纪中后期气温呈弱下降趋势，之后呈上升趋势，20 世纪是整个青藏高原过去 1000 年来最暖的时期。青藏高原东南部树轮记录也揭示出 20 世纪是过去 600 年来最暖的时期。对上述四支冰芯近 100 年来的 $\delta^{18}O$ 记录研究，发现青藏高原不同地区冰芯中 $\delta^{18}O$ 变化各有特点，特别是南、北差异和东、西差异十分明显。四支冰芯记录均反映出过去 100 年来 $\delta^{18}O$ 增加的趋势，说明过去 100 年来青藏高原在不断变暖。将 $\delta^{18}O$ 记录所反映的青藏高原温度变化、青藏高原气象记录的温度变化同北半球温度变化进行比较，发现这些记录所反映的过去 100 年总体变暖趋势是一致的。

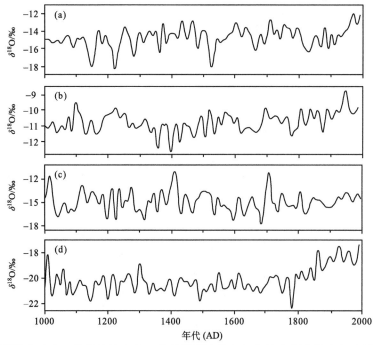

图 4-19　古里雅冰芯（a）、敦德冰芯（b）、普若岗日冰芯（c）和达索普冰芯（d）中过去 1000 年 $\delta^{18}O$ 记录（姚檀栋等，2006）

图 4-20 是对图 4-19 中四支冰芯 $\delta^{18}O$ 资料进行标准化处理后，通过计算它们的平均值而得到的四支冰芯 $\delta^{18}O$ 的标准平均值变化曲线。该曲线可以作为过去 1000 年青藏高原的温度变化曲线。由该图可以看出，过去 1000 年的最初 300 年是由温暖气候主导的，这一时期也正是欧洲的中世纪暖期。在青藏高原地区，这一暖期由三次暖期和三次冷期

组成。同时发现，青藏高原冰芯记录还揭示出小冰期（15～19 世纪）时的气温并不是近
1000 年来最冷的时期，20 世纪的升温是过去 1000 年中最强的。将敦德冰芯记录的小冰
期以来的气温变化与东部记录相对比（图 4-21），发现敦德冰芯记录的自公元 1400 年以
来的三次明显冷期（发生在 15 世纪、17 世纪和 19 世纪）和三次明显暖期（发生在 16
世纪、18 世纪和 20 世纪）与东部地区气温变化是一致的，但存在时间差异，总的趋势
是青藏高原变暖、变冷过程早于中国东部。

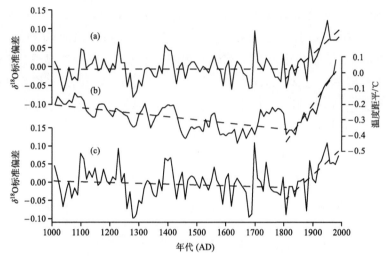

图 4-20　近 1000 年来青藏高原冰芯中 δ^{18}O 记录与北半球气温变化对比（姚檀栋等，2006）
（a）敦德、古里雅、普若岗日和达索普四支冰芯合成的 δ^{18}O 变化；（b）北半球气温变化；（c）青藏高原北部三支冰芯
（敦德、古里雅、普若岗日）合成的 δ^{18}O 变化

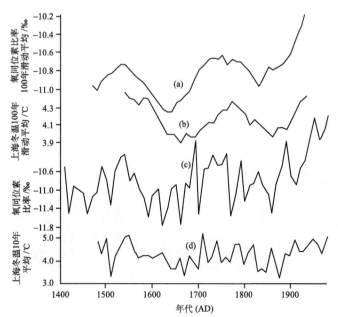

图 4-21　敦德冰芯中记录的小冰期以来的气候变化与上海冬温记录的比较（Yao et al.，1991）
（a）敦德冰芯中 δ^{18}O 值 100 年滑动平均值曲线；（b）上海冬温 100 年滑动平均值曲线；（c）敦德冰芯中 δ^{18}O 值 10 年
平均值曲线；（d）上海冬温 10 年平均值曲线

4.2.3 印度季风变化记录

达索普冰川（28°23′N，85°43′E）位于喜马拉雅山中段希夏邦马峰地区，是一条山谷冰川，长 10.5 km，面积为 21.67 km^2，粒雪线高度为 6200 m a. s. l.左右。冰芯钻取点位于其积累区海拔 7000 m a. s. l.处的冰雪大平台，宽约 1 km，长约 3 km，这里年净积累量超过 700 mm，10 m 处冰温接近−14℃，冰川底部的冰温为−13℃。1997 年中美科学家在该处钻取了 3 支深孔冰芯，其中两支为透底冰芯，长度分别为 160 m 和 150 m，未透底冰芯长度为 164 m。达索普冰芯中的 $\delta^{18}O$ 和阴阳离子浓度存在着明显季节变化特点，这使得该冰芯上部获得了可靠的定年结果，其底部可以通过冰川的流动模型进行定年。

冰芯净积累量是降水量的代用指标。近 100 多年来，达索普冰芯净积累量与印度东北部降水量具有相同的变化趋势和变化过程（图 4-22）。因此，从达索普冰芯中恢复的过去 400 年来的冰川净积累量记录，就可以很好地反映印度夏季风降水量在百年尺度上的变化规律（图 4-23）。达索普冰芯记录显示，17 世纪初降水量开始波动性增加，1650～

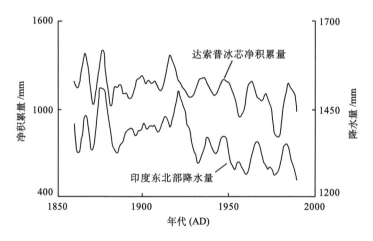

图 4-22　喜马拉雅山达索普冰芯记录的净积累量变化与印度东北部降水量变化的比较（姚檀栋等，2000）

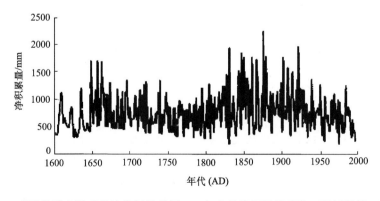

图 4-23　喜马拉雅山达索普冰芯记录的近 400 年来的净积累量变化（姚檀栋等，2000）

1670 年达到最高，这个时期正好对应小冰期冷期，随后降水量逐渐降低。在整个 18 世纪，降水量都很低。1820～1920 年是一个相对高降水时期。此后，降水量开始减少并持续到 20 世纪末（图 4-23）。冰芯中尘埃含量与干旱有关，达索普冰芯记录的 1790～1796 年和 1876～1877 年两次干旱事件（图 4-24）正好与印度的两次大饥荒对应。

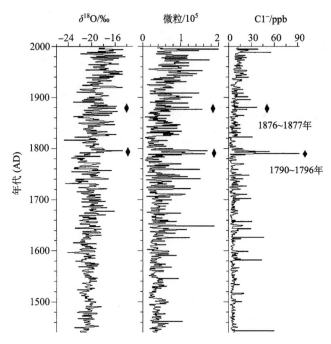

图 4-24　喜马拉雅山达索普冰芯记录的极端干旱事件（Thompson et al.，2000）

◆表示干旱事件

4.2.4　大气甲烷含量变化记录

利用达索普冰芯获得了中低纬度大气 CH_4 含量变化的信息。达索普冰芯记录的过去 2000 年以来大气 CH_4 含量变化显示（图 4-25），工业革命以前达索普冰芯记录的 CH_4 含量平均值为 782 ppb，明显高于南极和格陵兰同期冰芯记录，且变化的波动性更强，揭示了自然变化时期中低纬度为全球大气重要的甲烷源区；达索普冰芯记录的 CH_4 含量从 1850 年开始急剧上升，到 1980 年的 130 年内增加了 1.4 倍，反映了人类活动对大气 CH_4 的影响。20 世纪两次世界大战期间，人类活动 CH_4 排放呈负增长；而在小冰期期间，达索普冰芯记录了极低的 CH_4 含量，在最冷时段与南极冰芯记录相当。

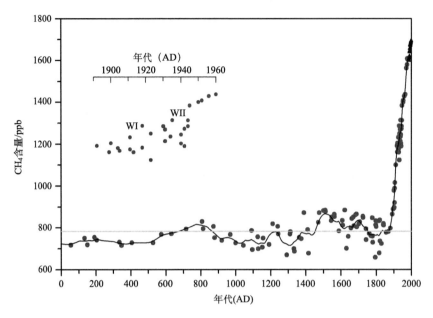

图 4-25 达索普冰芯记录的过去 2000 年大气 CH_4 浓度变化（Xu and Yao，2001）

4.2.5 沙尘事件变化记录

青藏高原冰芯中的微粒含量、Ca^{2+} 与 Mg^{2+} 含量以及污化层厚度比率等，是沙尘天气或大气尘埃载荷变化的代用指标。青藏高原冰芯记录表明，不论是在冰期-间冰期时间尺度上，还是在百年时间尺度上，沙尘变化与气候变化的关系均表现出冷期沙尘强、暖期沙尘弱的特征。青藏高原北部马兰冰芯中 $\delta^{18}O$ 记录与污化层厚度比率之间呈显著反相关关系（图 4-26）就说明了这一点。出现这一特征的主要原因是，一般情况下中纬度地区的风速在暖期时会减小而在冷期时会加强。敦德冰芯尘埃记录与根据史料恢复的中国东部尘埃记录比较说明，尽管两记录资料来源不同，但小冰期以来的三次尘埃峰值期在两记录中十分相似（图 4-27）。两记录的主要差异是，在敦德冰芯记录中尘埃的强度从小冰期冷期向现代暖期减弱，这符合尘埃事件冷期强、暖期弱的规律；但在历史记录中，尘埃的强度从小冰期冷期向现代暖期增强。其原因很可能是越往现代，史料越丰富，沙尘记录也就越多，而越往古代，史料越少，沙尘记录也就越少。如果考虑这一因素的影响，那么可以认为青藏高原东北部地区和我国东部地区在大的空间范围内大气尘埃含量的变化是相耦合的。

将小冰期以来青藏高原冰芯中尘埃记录与格陵兰冰芯中尘埃记录进行比较，结果发现它们具有同步的变化趋势。16 世纪开始至 18 世纪，两个地区曾发生过去 500 年以来最重大的尘埃环境事件；18 世纪中期至 19 世纪初期，尘埃的频率和强度在两个地区都减弱；从 19 世纪中叶开始，尘埃的频率和强度在两个地区又同时开始增强；20 世纪中叶以后，其频率和强度明显减弱（图 4-28）。格陵兰冰芯中尘埃变化与青藏高原北部冰芯中尘埃变化的一致性说明了大的空间尺度气候环境变化的耦合性。

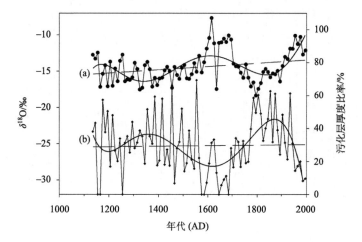

图 4-26　近 870 年来青藏高原马兰冰芯中 $\delta^{18}O$ （a）和污化层厚度比率（b）10 年平均值变化比较（王宁练等，2006）

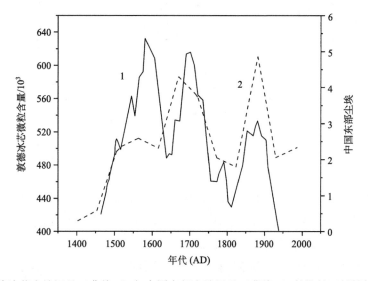

图 4-27　敦德冰芯尘埃记录（曲线 1）与中国东部尘埃记录（曲线 2）的比较（姚檀栋等，1995）

4.2.6　青藏高原南北气候变化的差异性记录

青藏高原南北不同区域受到不同大气环流的影响。高原南部地区夏季受到印度季风的影响，冬季受到西风的影响，而高原北部地区常年受到西风的影响。一般情况下，气温变化的空间一致性相对较好，而降水变化的空间差异性较大。因此，研究高原南北冰芯净积累量（降水量的代用指标）的变化有助于认识高原南北降水的差异性。

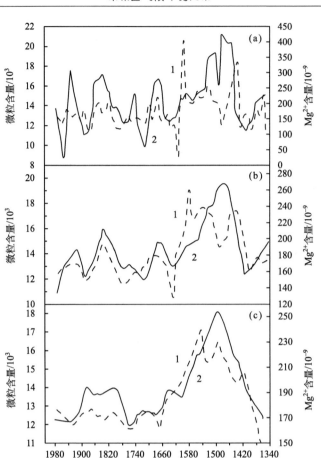

图 4-28　青藏高原古里雅冰芯（曲线 1）和格陵兰冰芯（曲线 2）中的尘埃记录比较（姚檀栋等，1995）

（a）10 年平均值；（b）10 年平均值的 5 点滑动；（c）10 年平均值的 11 点滑动

　　根据对青藏高原不同区域冰芯中近 500 年来净积累量记录的对比分析（图 4-29），可以看出青藏高原北部冰芯净积累量总体呈下降趋势，而青藏高原南部冰芯净积累量呈增加的总趋势，南北呈显著的反位相变化（图 4-30）。进入 20 世纪之后，北部冰芯净积累量呈弱增加趋势，而南部冰芯净积累量呈较显著的降低趋势。这与同一时期印度季风降水的减少以及西风影响区降水的增加有关。

　　近 1000 年来青藏高原南北冰芯中尘埃含量呈现不同程度的增加，这可能指示了环境的变干趋势。青藏高原冰芯记录还反映出高原北部地区大气中的尘埃载荷明显高于南部地区；高原北部地区大气尘埃载荷春季最大，南部地区非季风季节最大。另外，通过对高原南北冰芯中尘埃含量记录与 $\delta^{18}O$ 记录之间的相关关系进行分析，揭示出大气尘埃载荷变化与气温变化在高原北部地区呈显著负相关关系，而在南部地区却呈显著正相关（图 4-31）。这些也说明了青藏高原南北气候环境及其变化的差异性。

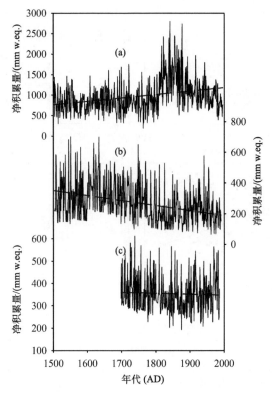

图 4-29　青藏高原冰芯中净积累量记录（Wang et al.，2007）

（a）达索普冰芯；（b）古里雅冰芯；（c）敦德冰芯

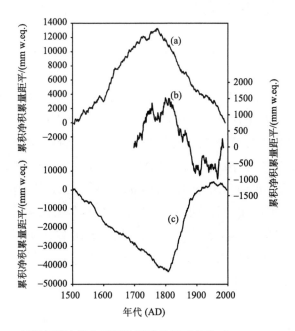

图 4-30　青藏高原冰芯中累积净积累量距平变化（Wang et al.，2007）

（a）古里雅冰芯；（b）敦德冰芯；（c）达索普冰芯

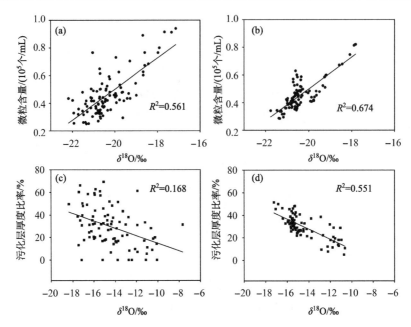

图 4-31　青藏高原南部达索普冰芯和北部马兰冰芯中 $\delta^{18}O$ 与尘埃含量之间的相关性差异（王宁练等，2006）

（a）和（b）分别是达索普冰芯中 $\delta^{18}O$ 与尘埃含量 10 年平均值及它们 5 点滑动平均值之间的相关性；（c）和（d）分别是马兰冰芯中 $\delta^{18}O$ 与污化层厚度比率 10 年平均值及它们 5 点滑动平均值之间的相关性

4.2.7　微生物与环境变化记录

以青藏高原为主体的第三极地区冰冻圈中的微生物不仅是极端环境下微生物生态研究的重点，也是研究全球气候变暖背景下微生物对气候环境变化响应的重要内容。自 20 世纪 90 年代以来，在青藏高原开展的冰芯微生物研究，多关注冰芯微生物对气候环境的指示意义研究。目前已从第三极地区获取了多支冰芯的微生物记录，揭示了西风和季风不同影响区域冰芯微生物数量和群落组成对气候环境变化的响应。

对慕士塔格冰芯记录的 20 世纪微生物状况分析，发现其年平均数量在 $0.66 \times 10^3 \sim 6.91 \times 10^3$ cells/mL 变化，平均为 5.59×10^3 cells/mL（图 4-32），其变化可分为 10 个不同的阶段，其中 6 个高值期和 4 个低值期，分别与氧稳定同位素比率所反映的高温和低温期有较好的对应关系。在慕士塔格冰芯中，氧稳定同位素比率和 NH_4^+ 可解释微生物数量的 19%，而氧稳定同位素比率和 Ca^{2+} 可解释微生物数量的 15%，说明人类活动对冰芯中微生物数量的影响要大于陆源粉尘。

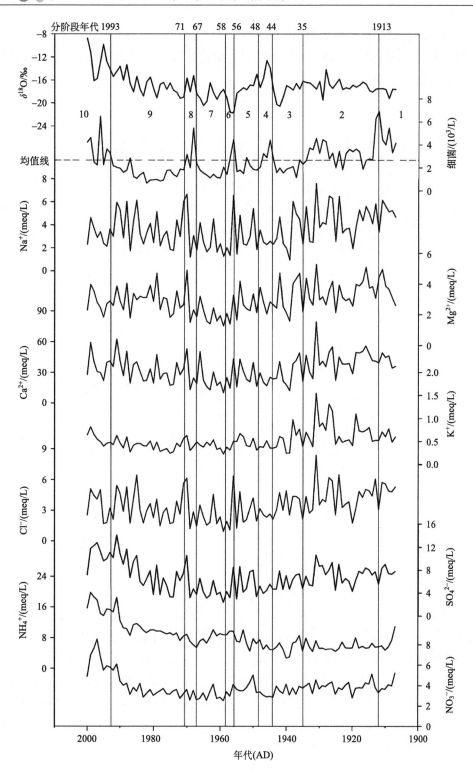

图 4-32　慕士塔格冰芯中 1907～2000 年微生物数量、氧稳定同位素比率及主要离子浓度变化（刘勇勤
等，2013）

　　高原北部马兰冰芯中微生物数量与 $\delta^{18}O$ 指示的温度之间呈负相关关系,与粉尘之间呈正相关关系(图 4-33),指示在冷期时随着陆源粉尘输入的增加,马兰冰芯中微生物数量多于暖期。

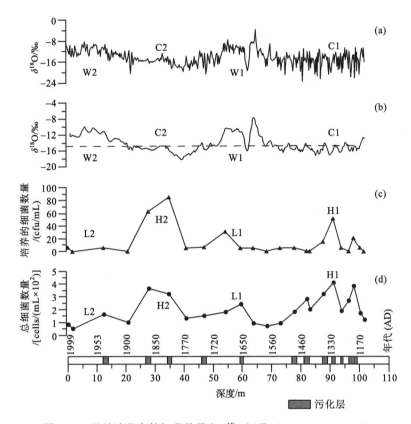

图 4-33　马兰冰芯中的细菌数量和 $\delta^{18}O$ 记录(Yao et al.,2006)

(a) $\delta^{18}O$ 平均值变化(0~57m 平均间隔 0.2m,57m 以下平均间隔 0.16m); (b) $\delta^{18}O$ 的移动平均值; (c) 培养的细菌数量; (d) 总细菌数量

　　对唐古拉山各拉丹冬冰芯中微生物数量的研究表明,1935~2004 年微生物数量的年平均值在 6.2×10^3 cells/mL(1938 年)~2.9×10^5 cells/mL(1997 年)变化。冰芯微生物的数量与 $\delta^{18}O$ 指示的温度和 Ca^{2+} 指示的粉尘之间都呈正相关关系(图 4-34)。各拉丹冬冰芯微生物受到相对高的温度和频繁的粉尘沉降的共同影响。这与马兰冰芯中,在 200 年的时间尺度上,细菌的数量与粉尘正相关、与温度负相关的结论相反,反映了不同地区冰芯微生物数量对气候环境的不同响应。马兰冰芯主要受西风的影响,气候变暖引起的西风减弱使得陆源粉尘减少,携带进入冰川的微生物也随之减少。各拉丹冬冰芯同时受西风环流和印度季风的影响,且其周围区域,即长江源区的生态环境对冰芯中的物质有较大的影响。近 40 年来长江源区气候变暖、冰川退缩、草地退化、冻土沙漠化严重,给冰芯带来更多的局地源物质。在各拉丹冬冰芯中表现出温度升高、陆源物质增多、细

菌增多的正相关性。冰芯中微生物数量敏感地响应了不同生态环境的变化。

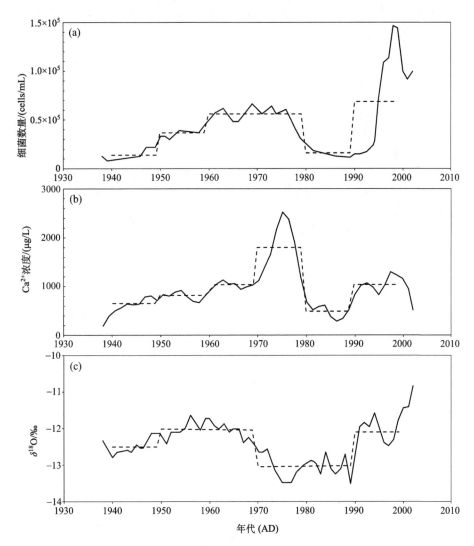

图 4-34　1935～2004 年各拉丹冬冰芯中细菌数量（a）、Ca^{2+} 浓度（b）及 $\delta^{18}O$ 值（c）年变化（细线）和 10 年平均值（虚线）（Yao et al.，2008）

　　虽然青藏高原不同区域冰芯微生物数量和群落组成不同，但都受到了全球变暖和日益增强的人类活动的影响。和各拉丹冬冰芯一样，位于高原南部季风影响下的宁金岗桑和作求普冰芯近 70 年以来微生物数量也都呈现上升趋势。各拉丹冬冰芯和宁金岗桑冰芯中微生物数量自 20 世纪 90 年代开始显著上升，而作求普冰芯中微生物数量自 21 世纪早期开始上升（图 4-35）。受不同气候环境影响的冰川具有不同的微生物群落组成：相对温暖、降水量较高的作求普受印度季风的影响，其微生物数量相对较低但是多样性高；相对较冷、干旱的各拉丹冬冰芯因为受到西风带来的高粉尘输入的影响，其微生物数量较高，但是多样性低。微生物群落同时受到海洋性来源和陆地性来源的共同影响，这可能是作求普冰芯微生物具有更高的多样性的原因。各拉丹冬冰芯微生物主要来源于青藏高原腹地寒冷的干旱草原生态系统，因此其多样性低于作求普冰芯。但三支冰芯微生物群落组成自 20 世纪 90 年代开始趋同，这可能与这一时期气温升高以及人类活动增强有关，也可能与高原南部降水减少而北部降水增加导致的高原南北干湿差异有所减小有关。

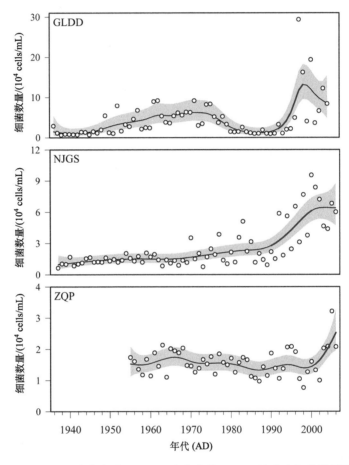

图 4-35　各拉丹冬（GLDD）、宁金岗桑（NJGS）和作求普（ZQP）冰芯中细菌数量随时间的变化（Liu et al.，2016）

4.2.8　人类活动记录

青藏高原希夏邦马峰达索普冰芯近 1000 年来的 SO_4^{2-} 浓度记录显示（图 4-36），1870 年以前其浓度低而且稳定，但之后浓度升高，尤其是 1930 年后加速升高。研究认为冰芯中 SO_4^{2-} 浓度在近代的升高是由人类活动的加强导致的。对比研究发现，达索普冰芯中 SO_4^{2-} 浓度的变化趋势与南亚地区硫排放总量的变化趋势一致。慕士塔格冰川 7010 m a. s. l.

处钻取的冰芯的化学成分记录也显示，SO_4^{2-}、NO_3^- 和 NH_4^+ 都在 20 世纪 70 年代开始显著升高，而且 SO_4^{2-} 与 NO_3^- 浓度的升高趋势与中亚地区 SO_2 和 NO_2 排放量的变化趋势一致。在 20 世纪 90 年代浓度降低可能反映了中亚国家经济活动减弱。珠穆朗玛峰东绒布冰川 6500 m a. s. l.处钻取的冰芯的 NH_4^+ 浓度记录，在 1844～1997 年也经历了相对稳定-上升-降低的过程。研究认为，喜马拉雅山雪冰中的 NH_4^+ 与随印度季风传输过来的农业活动及生物起源的物质有关。

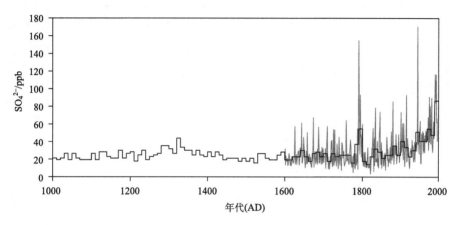

图 4-36　达索普冰芯记录的过去 1000 年 SO_4^{2-}浓度变化（Duan et al.，2007）

冰芯中的黑碳（BC）记录反映了自然与人类活动的排放。东绒布冰芯中的 BC 记录显示其含量变化可以分成工业化之前与工业化以来两个阶段，后一阶段的高值与南亚排放增加对应。青藏高原不同地区 5 支冰芯 1950 年以来的 BC 记录显示（图 4-37），其中 4 支受西风环流影响的冰芯中 BC 含量最高值均出现在 20 世纪 50 年代和 60 年代左右，可能与欧洲的工业排放有关。与之不同的是，位于藏东南季风影响区的作求普冰芯中 BC 含量在 80 年代之后呈快速增长趋势，反映了南亚的排放特征。

对青藏高原冰芯中 Pb 含量记录的研究，也发现人类活动对这一地区造成显著的重金属污染。在 2003 年钻取的慕士塔格冰芯中恢复了过去 45 年以来 Pb 浓度变化（图 4-38），结果表明，冰芯中 Pb 浓度从 1973 年开始大幅度升高，在 1980 年和 1993 年附近分别出现了高值阶段，这主要与中亚五国的 Pb 工业污染排放有关。珠峰北坡的东绒布冰芯过去约 350 年（1650～2002 年）来高分辨率重金属含量记录显示，大部分重金属成分的浓度一直保持着工业革命前的水平，但 Bi、U、Cs 的浓度及富集系数从 20 世纪 50 年代开始上升。这与人类活动的排放历史有关。天山庙儿沟冰芯中 V、Cr、Co、Ni、Cu 和 Mo 等成分的浓度及富集系数在 1953～2004 年都表现出显著增长趋势。所有这些表明，人类活动的重金属排放在 50 年代之后呈显著增加趋势。

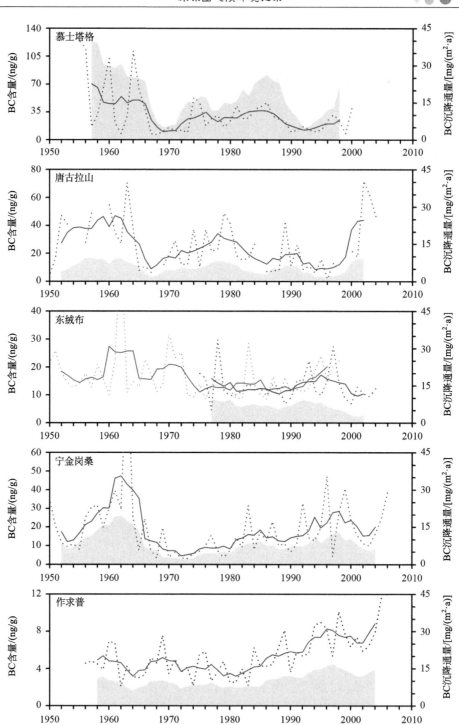

图 4-37　青藏高原慕士塔格冰芯、唐古拉山冰芯、东绒布冰芯、宁金岗桑冰芯和作求普冰芯记录的 BC
含量与年沉降通量变化（Xu et al.，2009）

虚线为冰芯中 BC 年平均含量，实线为 5 年滑动平均值；阴影为 BC 年沉降通量

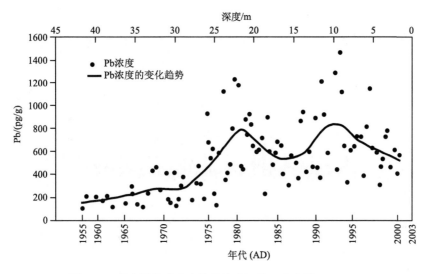

图 4-38　慕士塔格冰芯中的铅浓度记录（李真等，2006）

青藏高原各拉丹冬冰芯汞记录显示,总汞含量和沉降通量自 1500 年起在背景值上下波动,但第二次世界大战后开始急剧上升并持续至 20 世纪 80 年代（图 4-39）。阿尔泰山地区 Belukha 冰川冰芯恢复的过去 320 年汞沉降记录也再次证明了这一变化趋势,总汞含量在 20 世纪 40 年代后急剧上升,80 年代小幅下降,但进入 90 年代后再次上升,这主要与区域内的燃煤以及小规模采金等人为汞使用和排放有关。

20 世纪 50 年代以来,人类广泛进行核试验,向大气释放了大量不同的放射性物质。这些放射性物质随着大气环流被输送到世界各地并沉降到冰川表面,在冰雪中形成放射性标志层,并成为冰芯定年的依据。1961 年前后的核试验以及 1987 年切尔诺贝利核泄漏事件,都在冰芯年层中留下了放射性峰值层,包括同位素氚、总β活化度、^{36}Cl、^{137}Cs的峰值。1961 年俄罗斯在新地岛进行了人类历史上规模最大的核试验,这次核试验不仅在北半球山地冰芯和格陵兰冰芯中形成了β活化度（主要由裂变产物 ^{90}Sr 和 ^{37}Cs 产生）和氚浓度等的强信号记录,而且在南极冰芯中也有明显的表现。通过对比南北半球的冰芯记录,发现这次核试验产生的放射性物质在南北两半球之间的传输时间大约为 2 年。2011 年日本福岛核泄漏事故后,在青藏高原多条冰川积雪层中都发现了相应的放射性沉积记录（图 4-40）。

4.2.9　其他环境变化信息记录

青藏高原冰芯中的左旋葡聚糖记录能够很好地记载生物质燃烧变化的基本特征。青藏高原北部藏色岗日冰芯中左旋葡聚糖含量自 1990 年以来的变化表明,从 21 世纪初开始生物质燃烧呈增强趋势（图 4-41）。在年际尺度上,藏色岗日冰芯中的左旋葡聚糖含量和印度半岛北部及中亚地区的燃烧火点之间具有很好的一致性。通过卫星火点资料的

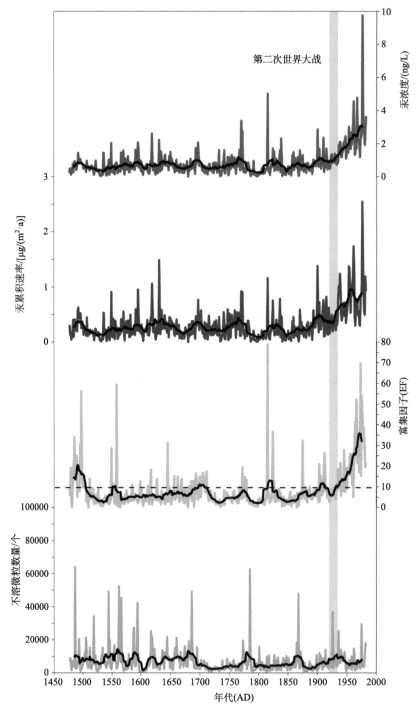

图 4-39　青藏高原各拉丹冬冰芯中的汞记录（Kang et al., 2016）

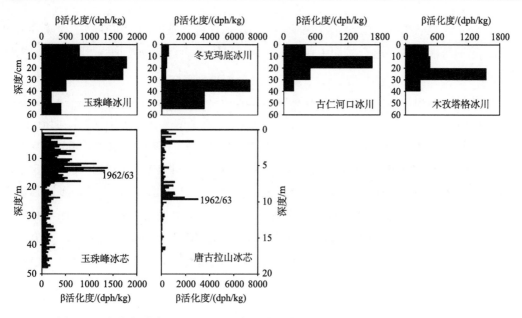

图 4-40　青藏高原冰川记录的 2011 年日本福岛核泄漏事件（Wang et al.，2015）

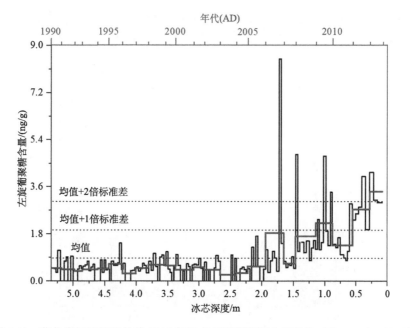

图 4-41　藏色岗日冰芯记录的 1990 年以来左旋葡聚糖含量变化（You et al.，2019）

季节特征对比，发现藏色岗日冰芯中左旋葡聚糖记录揭示的生物质燃烧增强主要和喜马拉雅山沿线及印度半岛北部广大地区的森林火灾等自然火灾增强有关；但同时来自中亚地区的强燃烧事件也可能会影响该冰芯中的左旋葡聚糖含量极值。来自高原西北部慕士塔格冰芯的左旋葡聚糖记录结果显示，在 20 世纪 40～50 年代和 80～90 年代中亚地区生物质燃烧记录显著增强,尤其是 80～90 年代左旋葡聚糖含量的增加也伴随了黑碳含量的增加,这很可能反映了这一时期中亚等上风向地区人类农业活动等增强导致生物质燃烧增加的信息。

　　火山活动是自然界中铋(Bi)元素最主要的物质来源。通过对珠穆朗玛峰东绒布冰芯 Bi 记录的研究,发现该冰芯很好地记录了 1800 年以来的 9 次强火山喷发活动信号(图 4-42)。Bi 元素的富集指数(EFcBi)分析结果显示,东绒布冰芯记录到 1800 年以来的 Bi 元素富集指数峰值年份为 1815 年、1845 年、1911 年、1919 年、1921 年、1953 年、1963 年、1967 年和 1991 年。通过与全球火山喷发活动记录相对比,并考虑到冰芯可能存在的定年误差,这些峰值事件基本上都与相应的火山喷发事件相对应,如 1815 年 Tambora 火山喷发(火山喷发指数 VEI 为 7)、1846 年 Armagura 火山喷发、1912 年 Novarupta 火山喷发(VEI 为 6)、1919 年 Kelut 火山喷发(VEI 为 4)、1951 年 Kelut 火山喷发(VEI 为 4)、1963 年 Agung 火山喷发(VEI 为 5)、1965 年 Taal 火山喷发(VEI 为 4)与 1966 年 Awu 火山喷发(VEI 为 4)、1991 年 Pinatubo 火山喷发(VEI 为 5)。由此可见,珠穆朗玛峰东绒布冰芯记录的火山活动信号主要反映了印度尼西亚-菲律宾地区的火山活动状况。关于 1921 年 Bi 元素的富集指数峰值并没有找到相关的火山记录资料,该峰值事件有待于进一步查证。Tambora、Agung 和 Pinatubo 三次火山活动在东绒布冰芯中记录最明显,表明强火山喷发事件可以作为冰芯定年的标志层。

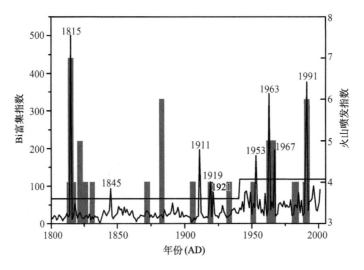

图 4-42　东绒布冰芯记录的 1800 年以来 Bi 变化和反映的
主要火山喷发事件(徐建中等,2009)

4.3　冰芯记录与环境政策

4.3.1　铅含量记录推动含铅汽油禁用政策

工业污染物往往会对人体健康带来很大的危害。例如，Pb 是一种对人体危害极大的有毒重金属，它及其化合物进入人体后将对神经、造血、消化、肾脏、心血管和内分泌等多个系统造成危害。因此，各国政府和国际社会关于各种污染物对环境和人体健康的影响均极为关注，并积极制定相关政策以防止污染。

大气环流状况控制着污染物的传输路径。欧美地区的工业污染物可以通过大气环流传输到格陵兰地区，对其环境状况带来影响。对格陵兰 Camp Century 冰芯中 800 BC 以来 Pb 含量的研究，发现自 1750 年人类工业化以后 Pb 含量逐渐增加，而从 20 世纪 30 年代欧美经济复苏及汽车产业的大发展开始，冰雪中 Pb 含量增加十分迅猛，到 60 年代大约增加到 7 ka BP 的 200 倍（图 4-43）。由于这个发现（至少是部分原因），欧美国家从 1970 年开始限制含铅汽油的使用。在这一政策的直接影响下，20 世纪 70～90 年代格陵兰冰雪记录中的 Pb 含量快速降低，90 年代的 Pb 含量仅为 60 年代的 1/7（图 4-44）。在同一时期内，Cd 和 Zn 的浓度也下降到了之前的 1/3 左右。

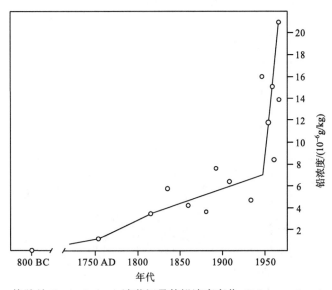

图 4-43　格陵兰 Camp Century 冰芯记录的铅浓度变化（Murozumi et al.，1969）

然而，对 1997 年获取的希夏邦马峰达索普冰芯上部 40 m 样品（年代跨距约为 50 年）中的 Pb 含量进行分析，结果显示该冰芯中 Pb 含量自下而上呈显著的增长趋势（图 4-45）。这表明 20 世纪后半叶该地区 Pb 污染一直在增加。这与格陵兰地区雪冰中 Pb 浓度记录自 20 世纪 70 年代以来的降低趋势呈相反的变化趋势。出现这种状况的原因是希夏邦马地区 Pb 污染的源地与格陵兰地区不同，受印度季风环流的影响，希夏邦马地区的 Pb 污染主要来自印度次大陆。印度等南亚国家自 20 世纪 70 年代以来未实行含铅汽油的禁用政策，而且工业化进程加快，污染排放严重。达索普冰芯记录的 Pb 浓度上升趋势正反映了印度等南亚国家的这一工业化进程。

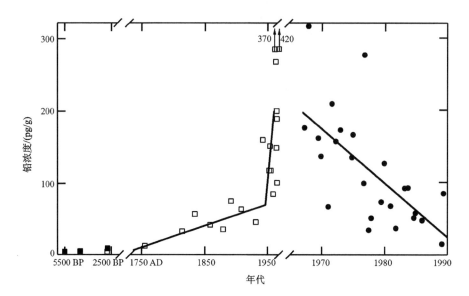

图 4-44　格陵兰冰芯记录的 5500 BP 以来的铅浓度变化（Boutron et al.，1991）

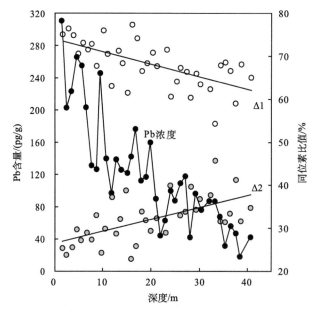

图 4-45　达索普冰芯上部记录的 Pb 含量变化（霍文冕等，1999）

Δ1 表示 ^{206}Pb 和 ^{207}Pb 含量之和与 ^{206}Pb、^{207}Pb 和 ^{208}Pb 总含量的比值；Δ2 表示 ^{208}Pb 含量与 ^{206}Pb、^{207}Pb 和 ^{208}Pb 总含量的比值

4.3.2　温室气体含量记录推动温室气体减排政策

前文关于冰芯记录的研究结果表明,在冰期-间冰期时间尺度上地球的气候变化与大气温室气体含量变化呈正相关关系。尽管在这一时间尺度上,气候变化主要是由地球接收到的太阳辐射变化驱动的,但是温室气体含量在间冰期的升高会对这一时期温度的上升起"放大效应"。气候模拟研究表明,现代气候变暖主要是由大气温室气体含量增加引起的温室效应所致。全球变暖会带来冰川融化、海平面上升、极端天气事件频发、自然灾害加剧、土地荒漠化、水资源安全与生态安全等一系列关系国计民生的重大问题,因此各国政府与国际组织极为关注全球变暖问题。全球变暖的"罪魁祸首"就是人为温室气体的排放。

长时间尺度的冰芯记录表明,大气中 CO_2 含量在过去几十万年的时间里没有超过 300 ppmv,而且在冰期-间冰期时间尺度上其变化幅度为 80~120 ppmv。然而,近 1000 年来冰芯记录(图 4-46)与近几十年大气温室气体含量的观测结果(图 4-47)表明,1750 年大气中 CO_2 含量仅为 280 ppmv,维持在间冰期自然含量的水平上,但进入 20 世纪时就超过 300 ppmv,到 2010 年时已超过 380 ppmv,2018 年已上升到 400 ppmv 以上。由此可见,目前大气中 CO_2 含量已远远超出了以往间冰期时的含量,而且在工业化以来的 200 多年时间里大气中 CO_2 含量的上升幅度已经达到甚至超过了地球历史记录的 10 万年周期上的变化幅度。除 CO_2 外,冰芯记录的一氧化二氮(N_2O)和 CH_4 的含量自 1850 年以来也迅速上升(图 4-47)。冰芯记录与大气温室气体含量的观测结果,引起了全球科学家以及各国政府的广泛关注,并因此催生了温室气体减排问题成为当今世界发展过程中的重要议题之一。

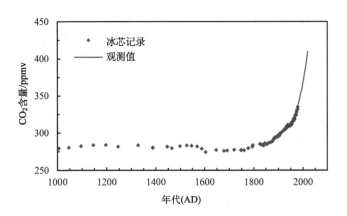

图 4-46　近 1000 年来地球大气 CO_2 含量变化

冰芯记录资料来自文献(Etheridge et al., 1996),近期观测资料来自 https://www.co2.earth/annual-co2

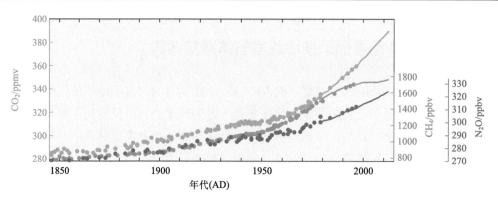

图 4-47　冰芯记录（点）和观测（线）的 1850 年以来全球温室气体含量变化（IPCC，2013）

　　2015 年 12 月达成的《巴黎协定》提出，要把全球平均气温较工业化前的升高控制在 2℃之内，并努力把升温控制在 1.5℃之内。然而，IPCC 发布的在加强全球应对气候变化威胁、实现可持续发展和努力消除贫困的背景下，关于全球升温高于工业化前水平 1.5℃的影响和全球温室气体排放路径的特别报告显示，按照现在的升温速率，在 2030～2050 年全球气温将升高 1.5℃。该报告强调，如果能将气温升高控制在 1.5℃以内，会比升温 2℃更好地避免一系列生态环境损害和气候灾害的发生，减少气候灾害对人类生命和财产的影响，更有利于全球经济的发展。要将温度升高控制在 1.5℃之内，2030 年全球人为净 CO_2 排放量要比 2010 年低 40%～60%，2050 年全球人为 CO_2 要"净零排放"。为了实现上述目标，相关的应对措施包括在土地利用、能源、工业、建筑、交通、城市、电力等行业和领域中进行"快速且深远"的转变，减少传统化石燃料的使用，增加可再生资源和能源的使用比例，研发低碳能源技术，加强和研发新的技术清除和储存大气中的碳，从而实现零排放或者负排放。同时，减少甲烷和氢氟碳化物等生命周期较短但威力巨大的气候污染物也有助于在短期内实现升温 1.5℃以内的目标。尽管温室气体排放问题已得到各国政府和国际组织的高度重视，但冰芯记录与观测结果表明全球大气温室气体含量目前仍处于"高速"上升状态，因此应对全球变暖与解决减排问题刻不容缓。

思　考　题

1. 冰芯记录了哪些气候环境变化信息？
2. 冰芯记录了哪些人类活动信息？
3. 举例说明分析技术提高对冰芯气候环境记录研究的促进作用。

第**5**章
冻土气候环境记录

冻土是寒冷气候的产物。一般情况下，现代冻土的分布均存在一定的气温或地表温度阈值，特别是多年冻土。冻土及冻土现象也可以作为一项反映气候寒冷程度的指标，在气候变化研究中多有应用。冻土的形成、发展、消融过程时刻发生着水分的相变与迁移。由于地层物质本身及水分在热物理方面的一些特性，冻土发育过程中，岩土体组分、结构和构造等发生变化，称为冰缘现象。这些变化即使在冻土消失以后，部分仍可保留在地层中，这为利用这些（古）冰缘现象研究（古）气候变化提供了可能。本章在介绍这些冰缘现象的同时，阐明它们所反映的气候环境变化信息，同时介绍冻土区其他的气候环境变化记录。

5.1　冻土发育对地层结构的影响

5.1.1　冻土发育与气候的关系

冻土的形成取决于地表和大气之间的热量交换过程。一般地表面的能量平衡用如下关系式表达：

$$Q_d=(Q_i+Q_s)(1-\alpha)-Q_e=LE+P+A \tag{5-1}$$

式中，Q_d 为地面辐射平衡；Q_i 和 Q_s 分别为太阳直接辐射和散射辐射；α 为地面反射率；Q_e 为地面长波有效辐射；LE 为蒸发耗热；P 为湍流交换耗热；A 为通过地面的热流（热通量）。

地面温度变化直接影响冻土的形成、发育与变化情况。然而，地面温度变化与地面的热通量大小及方向密切相关。由（5-1）式，可得到地面热通量 A 的表达式为

$$A=(Q_i+Q_s)(1-\alpha)-Q_e-LE-P \tag{5-2}$$

地表能量平衡是一种动态平衡。长期来看，地表热量支出和收入保持平衡。但是在一段时期内，由于太阳辐射的时空变化，能量平衡的主要收支项也随之发生变化。当支出大于收入时，地面温度降低；当支出小于收入时，地面温度升高。地表获得的热量大部分以辐射的方式向大气传递，一小部分以热传导的方式向地下传递。太阳辐射变化会

引起地表热量平衡关系的改变，从而导致近地表地下土层中温度和地面上部大气温度的变化。这一过程中，传热机制十分复杂，一般从直观上把地温和气温通过某种关系直接对应，用以表示多年冻土的分布阈值。地面状态对地面能量交换过程影响很大，不同地表覆被下，多年冻土可以在年平均气温从零上几度到零下几度较广的温度范围内保存或者消融。例如，在加拿大和我国东北地区，一些有机质堆积较厚地段，在年平均气温2℃的地方依然保存着多年冻土；而在北极一些地区，即使年平均气温低至–10℃，大中型河流和湖泊的底部仍然发育融区。通常情况下，在青藏高原地区，多年冻土发育在年平均气温低于–3℃的区域，而高纬地区年平均气温在–6～–3℃地带内发育不连续多年冻土，连续多年冻土的气温阈值约为–8～–6℃。不考虑极端情况，排除对多年冻土发育有利或不利的局地因素的影响，多年冻土的发育与年平均气温之间的统计关系较好。这也是多年冻土及各类冰缘现象（或遗迹）能够作为气候变化信息载体的基础。

地层中的水分是一项动态变量，但一定程度上可以反映区域年降水量的变化。多年冻土中的地下冰作为固定的土层含水量，其形成一般经过迁移、分凝和富集等活动，不一定能够真实反映冻结时土层的原始含水量，但是对推测区域在历史时期的干湿状况有一定的帮助，特别是一些特殊冻土构造，在其形成过程中，水分具有非常重要的作用，所以能够根据统计关系半定量地推测降水量阈值。

作为表征气候特征的主要指标，气温和降水量与多年冻土及冰缘现象的发育都具有显著的相关性，使得通过多年冻土及冰缘现象推测气候变化成为可能。

5.1.2　土体冻结过程中结构与构造的变化

自然物质在温度变化时具有热胀冷缩的性质（温度低于4℃的水例外）。温度变化引起的体积变化如果受到限制，则物质内部会产生一定的应力。这种应力有时可以超出材料本身的强度，从而使材料发生破坏。完整岩石长期遭受温度变化，岩体内部产生的温度应力足以破坏岩石，使岩石发生破碎、崩解，称为寒冻风化。岩土体中总是存在一定量的水分。液态水在相变为冰的过程中体积发生膨胀，同样会产生内部应力。岩石裂隙中的水分冻结加速了岩体的破坏，称为冰劈作用。对于表层松散土体来说，随着外界气温的变化，内部温度也在发生变化，尤其是发生冻融交替变化时，土颗粒在冻结时产生的应力作用和在水分迁移作用下发生位移，其土体结构和构造发生改变，形成冷生构造。

松散土体土颗粒之间的黏聚力非常微弱，降温时单个土颗粒发生的体积收缩微不足道，而且可以通过土颗粒之间的距离增大来补偿，整个土体中一般不会产生应力。只有表层土层发生冻结时，土颗粒之间通过水分的冻结力联结，形成一个整体。每个土颗粒的收缩在水平方向上均受到冻结力的约束，从而在土颗粒之间形成张应力。水平方向一定范围内的应力累积可以超过土体的冻结力，从而使土体开裂形成张裂缝。这一现象称为冻裂。冻裂的发生不但与年平均气温和降温速率有关，还与地温梯度、土体的力学和热物理性质有关。在大片均质土体中，热收缩形成的裂缝在地表可形成直径为数米到上百米的多边形，一般以五边形和六边形为主，组合成网状形态，称为多边形网（图 5-1）。

图 5-1　美国阿拉斯加西北部北极普拉德霍湾（Prudhoe Bay）地区地面形成的
冻裂多边形（吴吉春摄）

水在冻结时，在氢键作用下发生分子的重分布，体积会变大。在多孔介质中，水分在外部水头压力作用或毛细作用或温度梯度引起的冷吸作用（cryosuction）下，向冻结锋面运移，并在冻结锋面上集聚、冻结。土体自上而下的冻结过程中，在毛细作用和冷吸力作用下，未冻区的水分向冻结锋面迁移，达到过饱和状态。这一过程中冻结锋面上形成冰层，并持续加厚，称为分凝（析冰）作用（图 5-2）。同时，水分的冻结体积增大，其结果是使土颗粒之间的间距增大。就整个土体来说，则表现为体积膨胀，向地面隆起，形成冻胀。冻胀发生的必要条件是水分持续向冻结锋面迁移。水分在土体中的迁移能力与土颗粒之间的空隙尺寸有关，即取决于土颗粒的粒径，一般排序如下：粉土>粉细砂>黏土>中粗砂>粗颗粒土。如果存在持续的水分补给，冻胀可以使地面隆起呈丘状，形成冻胀丘。

冻土地区，特别是多年冻土地区，近地表地层在水分参与下发生冻融作用，从而引发一系列改变岩土体结构和构造的过程，称为冰缘作用过程。冰缘作用过程改造地面形态，形成冰缘地貌；改造地层结构，形成冷生地层。在冻融过程中，地层受到冻裂、冻胀、重力等外力作用，与不同岩性的地层、不同水分条件、不同气候条件相结合，形成各种类型的冰缘地貌和冷生地层，如石海、岩屑坡、石冰川、分选石环、融冻泥流、冻融草丘、冻胀丘、冻融挠曲和楔状构造等。

图 5-2　粗颗粒土（砾砂）在饱和状态下形成的分凝冰层
（暗色条纹，夹层中的冰因升华不可见）（吴吉春摄）

5.1.3　冰缘现象发育的气候条件

大多数冰缘现象都是一定的温湿条件和相应的岩土性质相结合的产物，对温度和干湿条件具有一定的指示意义。

根据广泛观察，如石海、岩屑坡等寒冻风化作用的产物，在青藏高原一般发育在海拔 4000 m a. s. l.以上的高山地区，年平均气温在 0℃以下，气温的年较差和日较差都比较大，一年中大多数时候，气温的日变化都在 0℃上下波动。这种条件下，冰劈作用比较频繁才有利于寒冻风化的持续进行。冻融草丘是冻土区常见的一类微型冰缘地貌，一般发育在细颗粒土堆积较厚的坡积缓坡、冲/洪积扇前缘、河流阶地和漫滩部位，代表了表层细颗粒土在饱水条件下，土层由于冻融作用发生水平方向上的拉张与推挤，在地层中形成非构造原因形成的"褶皱"，称为冻融挠曲（冻融褶皱），也导致地面发生凹凸变形，最终形成一个个间距大致相等的馒头状的凸起。形成冻融草丘，需要表层细颗粒土饱水，要求地下水位埋藏较浅（如河漫滩或地下水出露带），或者下伏隔水层埋藏较浅（如存在多年冻土层）。据观察，冻融草丘一般发育在冬季最低温度低于–20℃的地区。多年冻土区，既能满足隔水条件，又能满足温度条件，是冻融草丘容易形成的区域。不同的冰缘地貌具有不同的发育环境，表 5-1 列出了高纬地区几类主要冰缘现象发育的环境要素。

表 5-1　冰缘现象发育的气候阈值（Karte，1983）

冰缘现象	年平均气温 /℃	最冷月气温 /℃	年均降水量 /mm	其他气候指标	冻结指数 /（度·日）	融化指数 /（度·日）
冰楔多边形	<-4~<-8	<-20	>50~>500	初冬时降温迅速，且少雪	2600~>7000	100~1000
砂楔多边形	<-12~<-20		<100	快速降温		
季节冻裂多边形	<0~<-4	<-8		快速降温	1000~>7000	1000~2000
塔头草（高纬）	<-10				2300~>7000	100~1500
冻融草丘	<3			寒冷		
季节性冻胀丘	<-1~<-3					
斑土	<-2		>400~800		1000~>7000	200~1000
泥炭丘	<0~<-3		冬季少雪	大陆性气候	1000~>7000	300~2200
封闭型冻胀丘	<-5				2700~7000	<100~1500
开放型冻胀丘	<-1				2300~>7000	250~1700
石冰川	<2~0		<1200	大陆性气候	1000~5000	300~1000
直径>1m 的分选石环	<-4				1500~>7000	200~1500
直径<1m 的分选石环	<3					
融冻泥流	<-2					

　　冰缘现象直接反映了其形成时的温湿条件，对气候特征具有较好的指示意义，但是，利用冰缘现象研究气候变化，特别是利用一些古冰缘现象推演古气候变化时存在一些不足，在研究或参考时需要谨慎。

　　首先是冰缘现象的保存和识别问题。很多冰缘现象发育在地表，在气候变化过程中，地表遭受侵蚀或者被后期的沉积物覆盖，不易保存，如石环、岩屑坡、冻融草丘等。冻胀丘遗迹，热融洼地（湖）等热融形成的负地形，在短期内可能会在地表遗留。只有能够引起地层变形的一类冰缘现象才能够保存下来，在古气候研究中有意义，如冻裂形成的各种楔体、冻融挠曲等。有些地表、地层中的形态具有多成因性，冰缘过程并不是唯一的形成原因，如地表开裂、地震、干裂、流水冲蚀、盐分结晶、地面鼓胀都可以在地面上形成"V"形的缝隙，后期被外来物充填而具有楔形形状。所以在野外，需要从各种细节仔细辨别，以确认其冰缘起源，进而研究其气候指示作用，才具有意义。

　　其次，各类（古）冰缘现象发生的机理具有明确的物理过程，对于均一的物理材料来说，发生这种变化可能会存在确切的物理量值。但是对于岩土体来说，其成分组成复杂，各组分物理性质差异悬殊，各地区气候的水热组合特征也复杂多变，要针对各类冰缘现象发掘具有普遍适用、确切数值的环境指标是不可能的。研究者根据各地发现的正在发育的各类冰缘现象，统计、归纳得到的各气候指标仅是一个阈值。即使如此，有些冰缘现象发育的气候阈值也大到几乎失去指示气候变化的意义。因此，在利用古冰缘现象推测气候环境特征时，最好利用冰缘现象组合或者其他气候代用指标的佐证，所获得的结论才比较可靠。

最后，定年问题一直是（古）冰缘和古冻土现象研究中的难题。多年冻土是地层对寒冷气候的响应，本质与水热过程有关，其形成并不反映时间序列。一般来说，地层历史和气候历史的时间尺度存在量级上的差异。除了很少一部分加积地层中的多年冻土层属于共生型多年冻土外，绝大部分多年冻土都属于后生型，即地层形成以后，在寒冷气候时期逐渐冻结，形成多年冻土层，在随后的气候变化中，可能多次融化和重新冻结。所以，多年冻土的定年不能简单按照地层的年代来推测。对于各种发育在地层中的冰缘现象来说，和多年冻土发育历史类似，其形成年代也不能简单按照地层的年代来确定。然而，和多年冻土层相比，冰缘现象一般发生在地表浅层中，可以通过其保存的地层及上下地层的年代对比，大致确定其发育年代。

5.2　冻裂及楔形构造反映的气候环境变化

冻裂是由材料的热收缩性质引起的沿着一定方向在地面上形成的垂向或近垂向的开裂，一般呈"V"形。开裂被其他外来物质充填，在地层剖面上呈现明显的楔形构造。我国很早就产生了把冻裂和寒冷气候联系起来的思想，但是把楔形构造作为一种冰缘现象探索其气候意义的研究发端于欧洲。

5.2.1　冻裂的发生与气候环境的关系

地表冻裂广泛发育在高纬度及高海拔寒冷地区，目前已经在除非洲和大洋洲之外的地球各大洲均有发现。通常，固体物质都会随着温度降低具有体积收缩的性质，称为热收缩；反之，随着温度升高，其体积会膨胀。固体物质体积随温度的变化率称为热膨胀系数。组成地层的各种矿物质土的热膨胀系数在 $2×10^{-6}$～$12×10^{-6}$ L/℃，冰的热膨胀系数可达 $30×10^{-6}$～$60×10^{-6}$ L/℃，空气的热膨胀系数更高。土体冻结时，体积收缩，在内部产生水平方向的拉张应力。当张应力大于土体的抗拉强度时，土体发生开裂，与裂缝垂直方向上的应力得到释放，平行方向上的应力依然存在，所以再次开裂一般垂直于第一次开裂的方向，称为次级裂缝。如果气候稳定，在几年时间到上百年的时间里，会发生三级、四级甚至五级裂缝，最后裂缝相互贯通，地面上形成网状多边形结构，称为冻裂多边形，以四边形、五边形、六边形最为常见。由于气候条件、地层特征的差异，多边形的直径差异很大，从几米到几百米不等。

冻裂形成的裂缝被积雪（风吹雪）或融水、地表流水、风沙或者黄土充填，由于充填物和两侧围岩性质差异很大，在地层剖面上形成楔形构造。如果充填物是水或者雪，当地表开裂时其延伸进入多年冻土层，充填的水分重新冻结，形成冰楔；在较干旱的地区，冬季风沙盛行，地表跃移的沙粒落入裂缝中，则形成砂楔；离沙源较远的地方，进入裂缝的是沉降的悬浮沙尘，类似于黄土，成为土楔；有时，积雪和沙粒同时充填裂缝，则形成复合楔。一段时期内，如果气候条件不变，则开裂重复发生，重复充填，年复一年，从开裂部位向两侧形成近竖向的层理，称为楔体的叶理。在冰楔、砂楔或土楔中都可见叶理的存在，冰楔中更为明显（图 5-3）。冰楔中的叶理反映了充填物逐年（有些年份不开裂）加积的过程，具有一定的时序性，可以用氢、氧稳定同位素比率作为冰楔发育时期的气候代用指标。

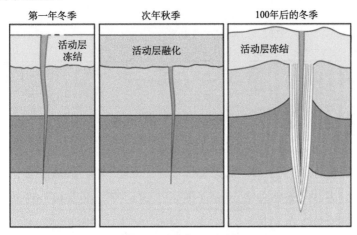

图 5-3　冰楔的形成过程

冰楔的不断加积，挤压两侧楔壁，使楔壁附近的围岩地层发生向上挠曲（Harris et al.，2017）

　　由于开裂中充填物的差异，多边形在地表的表现形式也不一样。由于冰楔生长对围岩两壁的挤压，冰楔多边形裂缝两侧的地表隆起呈垄状，一般形成周围高、中心低的多边形，称为凹多边形（低中心多边形）；有些多边形边缘由于冰楔上部融化而塌陷，形成沟槽，呈现出中心高、周围低的多边形形态，称为凸多边形（高中心多边形）。砂楔和土楔也有可能在地表形成不明显的垄状凸起，但是很容易被侵蚀或覆盖。由于充填物和围岩的性质差异，在地表还是会形成明显的痕迹，表现为草环、湿环、盐环等多边形形态。

　　地层冻裂与地层本身热物理、力学性质有关，也与环境温度的降温速率、地温梯度有关系。冻裂的发生不容易监测，一般都用冻裂发生地点的年平均气温（或地温）来表达各类楔形所代表的环境条件。图 5-4 是 Romanovskij（1973）根据俄罗斯西伯利亚地区楔形发育情况的统计结果绘制的不同土质条件下楔形发育的年平均气温指标。不同气候条件和不同地域，统计的结果可能会存在差异。图 5-5 是 Harris（1981）根据北美冻裂发生地的气候条件统计的气候阈值。

　　根据楔形与气候之间的统计关系，大部分研究者都直接利用各类楔形推测古气温。这种简单的类比忽略了区域气候、地层性质的差异，可能会造成较大误差。统计发现，冰楔和深度超过 2m 的大型砂楔是多年冻土存在的确凿证据。利用成群出现的冷生楔形构造作为多年冻土扩张与发育（存在）的直接证据，并结合其他地质地理特征推测当时的多年冻土环境远比估算气温的变化可靠。

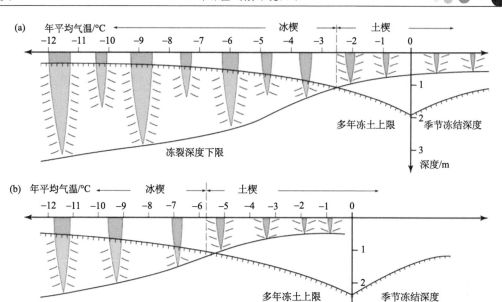

图 5-4　细颗粒土（a）和粗颗粒土（b）形成冰楔和土楔与年平均气温的关系（Romanovskij，1973）

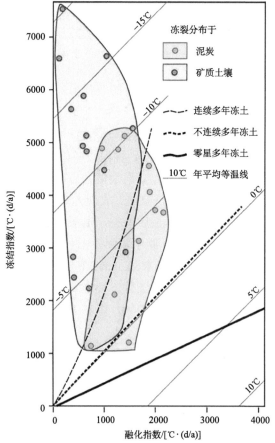

图 5-5　泥炭和矿质土壤中冻裂分布与冻结、融化指数的关系（图中标示的温度为年平均气温）（Harris，1981）

5.2.2　砂楔反映的气候特征

砂楔是分布最为广泛的一类冻裂构造。欧洲、亚洲、南极洲、北美洲和南美洲均有发现，现在高纬度地区和高海拔地区的多年冻土区仍有部分砂楔处于活动状态，这为推测砂楔发育的环境条件提供了可供对比的样本。大批在中纬度地区发现的被埋藏的古砂楔为推测地球寒冷时期（特别是末次冰期以来）多年冻土的扩张提供了切实证据。

砂楔是冻裂发生以后，在干燥多风沙的环境中，裂缝被风沙充填而形成的一类楔形构造。砂楔的发育首先代表了寒冷的气候条件，冻裂能够发生的年平均气温条件即砂楔代表的气温环境。各地的观测表明，年平均气温低于 2℃的地区都有可能发生冻裂。这一温度阈值过于宽泛，实际上在推测砂楔所代表的年平均气温时意义不大。若不考虑地域差异和形态差异的影响，对所有砂楔都按照统一的气温指标值来推测其气候意义，其结论可能与真实情况相去甚远。

一般情况下，地表开裂以后，在地表滚动或跃移的较粗的砂粒更容易被裂缝捕获，空气中悬浮的较细颗粒落入裂缝的概率较小，使得砂楔中充填的砂粒具有二次分选性。只有在粉尘堆积的静风条件下，裂缝中才有可能充填较细的尘土颗粒，从而形成土楔。因为充填物源较少，土楔比较少见。夏季土层温度升高时，土体膨胀回弹，由于原来开裂的空间已经被充填，围岩无法恢复到原来位置，由此产生充填物和围岩相互挤压。充填物受到挤压，密度增大或被部分挤出楔体，围岩受到挤压，楔壁附近发生变形，产生向上挠曲（图 5-6）。气候保持稳定的情况下，冻裂通常在原来位置重复发生，年复一年，

图 5-6　内蒙古鄂尔多斯一处砂楔

呈"V"形，充填物为红褐色中粗砂，砂楔之间的间距为 5~6 m，围岩为具有水平层理的冲积层，在楔壁附近发生向上挠曲（吴吉春摄）

充填物不断增加。如果充填物中含有细颗粒物质，具有一定的塑性，则可形成和楔壁保持大致平行的交错层理（图5-7）。原生砂楔的充填几乎和冻裂是同时发生的。因此，砂楔的定年材料应该在充填物中寻找。充填物中夹杂的有机物和充填的砂粒可用 ^{14}C 或光释光等手段进行定年。

图 5-7　祁连山一处土楔

充填物为黄土状粉质土，可见明显的交错叶理（吴吉春摄）

5.2.3　冰楔和冰楔假形反映的气候特征

当寒冻裂缝被冰雪融水充填，充填物发生再次冻结时，则形成冰楔。冰楔的形成首先需要多年冻土层的保护，冰楔冰才能长期保存。一般认为，冰楔只能发育在连续多年冻土区，而且开裂深度必须延伸到多年冻土层中。因此，冰楔指示的气温阈值通常低于–8～–6℃。另外，冰楔的形成需要冬季地面水分的补给。冬季地表积雪被认为是冰楔发育的必要条件。然而，如果冬季积雪太厚，那么积雪的保温作用不利于地面温度的快速下降，从而不容易发生冻裂。

水或者积雪贯入裂缝，由于两侧围岩均是多年冻土，温度低于 0℃，裂缝中的水分就地发生冻结。水在冻结时体积发生膨胀，对两侧围岩造成挤压。夏季，活动层融化，多年冻土层以上的充填物随之融化，被挤出或疏干，土体回弹，活动层中形成裂缝完全闭合，而多年冻土层中的冰楔冰保留下来，再次受到两侧土体的回弹挤压。

　　和砂楔的形成过程相似，冰楔在年复一年的加积过程中，冰楔冰受到围岩的挤压，形成按年分层的竖向成层结构，称为冰楔冰的叶理。从开裂位置向两侧，冰楔叶理对称分布，可形成具有一段时间序列的冰体。利用冰中的氢、氧稳定同位素比率可以推测冰楔发育时段内的气温。同样，围岩也受到冰楔冰的挤压，逐渐发生向上的挠曲变形，冰楔冰两肩位置的地面也因此发生隆起，在地面上形成凹多边形（低中心多边形）的围堰。

　　冰楔的定年一般比较困难。如果充填物中夹杂着有机质，则可以比较准确地测定其形成的年代。如果没有此类材料，则需要通过地层对比方法进行间接定年。很明显，冰楔形成年代要晚于其赋存的围岩，因为冰楔不能保存在活动层中。所以冰楔也比上覆的一定范围内的地层年代要晚。确定冰楔年代时，要通过地形地貌、地质环境和气候变化历史综合分析。图 5-8 所示的内蒙古东北部根河市附近伊图里河镇的不活动冰楔。从冰楔形态看，该冰楔上部已经遭受了热融侵蚀，比较齐平；从围岩及上覆土层中的有机质测年结果看，冰楔顶部位置出现了沉积间断，地层年代发生跳跃，但其年代不代表冰楔形成的时间。考虑冰楔上部存在一定厚度的活动层，推断此处冰楔是 3.3～1.6 ka BP 时期形成的。根据区域气候变化历史，大致判断为新冰期的产物。

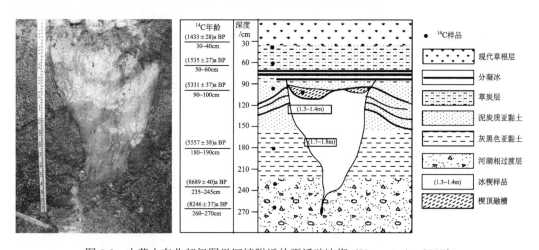

图 5-8　内蒙古东北部伊图里河镇附近的不活动冰楔（Yang et al.，2015）

　　气候转暖以后，多年冻土发生退化，促使冰楔冰融化。融化的水分通过土中的空隙疏干，冰楔冰上覆的土层和楔壁围岩由于失去支撑而发生塌落，再次充填冰楔遗留的空间，形成冰楔假形。冰楔假形的形成对充填物和围岩都进行了改造，其形态不再保持原来开裂时的原貌，而呈现出多种形态，但"V"形仍然最常见，还有袋状、锅状及漏斗状等形态。

　　冰楔假形代表了两段显著差异的气候条件。其中，冰楔的发育代表了寒冷而多降水或局域冰雪融水较多的气候环境特征，发育地点多年冻土连续分布，年平均气温在−6℃

以下；冰楔冰融化以后发生二次充填，代表了气候好转，多年冻土退化，地下冰融化。按现代多年冻土分布条件来看，这大致相当于年平均气温高于-2℃的温暖环境。

冰楔假形的二次充填物中既有上覆地层，也有围岩塌落的团块。因此，冰楔假形充填物并不能提供相对准确的年代材料，包括冻裂发生的年代和冰楔冰融化的年代。冰楔假形的定年也需要根据地层年代关系，结合其他气候资料，才能给出相对可靠的年代。

冰楔假形从形态上来看与砂楔相似。在野外观察中，往往容易把两者混淆。因此，在野外工作中，判断楔形构造属于哪种类型是首要工作。虽然两种楔形构造在外形上相似，但其形成过程差异很大，在解译其气候意义、确定形成时代时，都需要谨慎对待。与砂楔充填物相比，冰楔假形的二次充填物中没有竖向层理结构，充填物岩性与上覆土层一致，包裹有围岩成分；其围岩壁不平整，楔壁附近地层由于重力作用，有向下弯曲或滑塌迹象。

各种充填的楔形构造差异见表 5-2。

表 5-2　几种楔形构造的差异（Harris et al., 2017）

基本类型	名称	地表形态	形状	高宽比	充填物	内部结构
原生楔	共生冰楔	多边形	"V" 形	1.3～2.5	冰	竖向层理
	岩楔	多边形	"V" 形	4～>10	岩屑	竖向层理
	砂楔	多边形	宽 "V" 形	1.3～>4	砂	竖向层理
	土楔	多边形	宽 "V" 形	3～>4	风积黄土	竖向层理
次生楔	冰楔假形	多边形	宽 "V" 形	1.3～3	未成层沉积物夹有围岩块	没有层理
其他	死冰融化锅穴	圆形洼地	直立的侧壁	<0.3～1.3	砂质沉积物	没有层理的块体
		各种形态	波状起伏的浅坑	1.5～2	互层状	冻融扰动
			舌状		层状砂、砾	挠曲

5.2.4　利用砂楔或冰楔假形恢复多年冻土的历史分布

北半球各大陆中纬度地区发现的各类楔形构造比较丰富。近百年以来，各国研究者根据不同地点发现的这类古冰缘现象，讨论了末次冰期时期各地的多年冻土分布情况。末次冰期是地球气候历史中距现今最近的一次冰期，也是多年冻土分布范围的大扩展时期。各种记录表明，末次冰期也是第四纪晚期以来最寒冷的冰期之一。各地多年冻土分布范围达到最大，在欧洲西部多年冻土南界扩展至 45°N，东欧和中亚约为 47°N；在东亚（如我国东北地区），受冬季西伯利亚-蒙古高压控制和大小兴安岭地形的影响，多年冻土南界可达 42°N 左右，北美则扩展至 39°N。高海拔多年冻土下界大幅下降，降幅超过 600～1000 m。与当前的状况相比较，各洲末次冰期时多年冻土的面积变化不尽相同，亚洲地区多年冻土面积增加最大，欧洲略有增加，在北美却减小（这主要受劳伦泰德冰盖面积扩张而大幅挤压多年冻土分布区的影响）。当时海平面下降了约 70 m，环北冰洋的滨海大陆架暴露在空气中，也发育了多年冻土。即使这些地方现在已经被海水所淹没，但是仍有部分地区多年冻土保留了下来，形成了残留的海底多年冻土。图 5-9 是根据各地的古冰缘现象重建的末次冰期多年冻土分布情况。

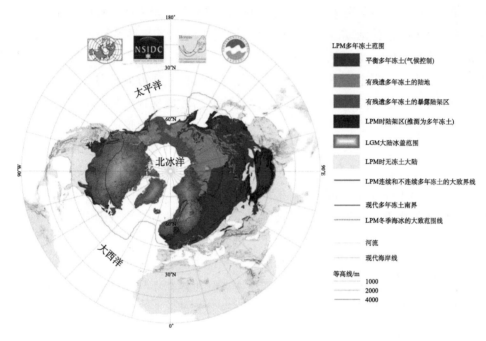

图 5-9　用古冰缘地貌恢复的北半球末次冰期最盛期多年冻土最大范围（last permafrost maximum，LPM）
（Vandenberghe et al.，2014）

多年冻土在地球环境中扮演着重要角色。从区域尺度到全球尺度，多年冻土对水循环、生态系统演替、全球碳循环等过程具有深刻影响，而这些要素对全球气候变化具有控制或影响作用。恢复历史时期多年冻土分布状况有利于更好地理解全球变化的机制，更加可靠地预测未来变化。

近 30 年来，我国在古冰缘研究方面也取得了大量成果。研究人员在华北、西北地区及青藏高原周边地区发现了大量砂楔、冰楔假形和冻融挠曲（挠曲），为重建寒冷时期我国多年冻土分布范围提供了证据。金会军等（2019）根据我国各地的古冰缘现象恢复了LGM 多年冻土的分布情况。

5.3　冻胀丘及冰皋遗迹反映的气候环境变化

　　冻胀丘是地层冻结时冻结锋面得到持续的水分补给，冰层不断增加，地面受顶托，从而形成的一类隆起地形的总称。冻胀丘在地表多呈锥状，也有台状、穹窿状、脊状等多种形态，其共同特征是这些隆起地形的核部或为纯冰层，或为含土冰层。根据冻胀丘发育与存续时间可以将其分为季节性和多年生两种类型。季节性冻胀丘发育在多年冻土地区或深季节冻土区的活动层中，年平均气温一般低于–2℃，每年冬季形成，次年3月、4月发展至最大，7月、8月消融、消失。季节性冻胀丘一般规模不大，其发育对地层改造不显著，不会在地层中留下明显印记，在记录古气候变化方面没有太大意义。多年生冻胀丘的存在时间通常超过两年，需要多年冻土环境才能保存，是多年冻土存在的直接证据。多年生冻胀丘一般在多年冻土发育时和多年冻土层同时形成，代表了多年冻土的历史。地下冰核的发育显著改变了地层状况，在地层中可留下一些特殊构造，即使冻土退化，地下冰核消融，这些构造依然能够保持，从而可以作为记录气候变化的直接证据。

　　常见的多年生冻胀丘称为冰皋，根据冰核形成时补水条件的不同，其可以分为两种类型。一般多年冻土层作为隔水顶板使地下水具有承压性，在水头压力较大的地点，一般分布在坡脚、谷底，多年冻土自上而下发展时，受外界水头压力的作用，水分不断补充冻结锋面，从而使冰层持续加厚，形成冰核，这类冻胀丘称为开放型冻胀丘（也称动水压力型冻胀丘，hydraulic system）。开放型冻胀丘可以在年平均气温低于–4℃的不连续多年冻土区中发育，在山区比较常见，青藏高原发育的冻胀丘大多属于此类。另一类多年生冻胀丘称为封闭型冻胀丘（也称静水压力型冻胀丘，hydrostatic system）。这类冻胀丘一般发育在连续多年冻土区内的疏干湖底，年平均气温一般低于–6℃。连续多年冻土区内，湖泊底部一般发育融区，湖泊疏干后，多年冻土重新发育。由于湖相地层水分饱和，冻土层向下发展时，产生静水压力，这种压力同样可以迫使未冻区的水分向冻结锋面迁移，促使冰核加积。

　　冻结过程自上而下发展时，充足的水分补给是多年生冻胀丘发育的必要条件，还需要冻结锋面上水分发生冻结释放的潜热能够有效散失，也就是说，寒冷的气候是冰核不断生长的前提。多年生冻胀丘的发育往往需要数十年、数百年乃至上千年的时间。由于气温的年内波动，冰核在一年中并不是匀速生长，其生长速度与冻结锋面附近的地温梯度有关，生长速度快时，冰层中含有较多气泡。这样，不同的生长速度形成不同形态的冰体，从而在整体上形成具有韵律性的层状结构，其每一层代表一年的周期（图5-10）。对于封闭型冻胀丘来说，连续冻土区的寒冷条件能够保证这一过程持续发展，直至地温达到平衡状态（冻结锋面不再向下移动）或冻胀丘发展至成熟阶段（顶部开始坍塌）。开放型冻胀丘一般伴随多年冻土的发育而发生，其形成阶段代表了气候不断恶化的一段气候历史。

图 5-10　冻胀丘冰核中的年层（Mackay，1998）

　　冻结锋面上水分冻结，体积膨胀，由于下伏土层达到饱和或过饱和状态，不可压缩，膨胀的体积只能向上释放，向上顶压覆盖土层，使土层发生隆起。上覆土层受到顶托压力，顶部产生张应力，使冻胀丘顶部形成放射状裂缝。随着冻胀丘的不断隆起，顶部及周边斜坡上的土颗粒在重力、风力、雨水冲刷等外力作用下逐渐向下移动，在水平方向上表现为原来中心位置的土颗粒不断向周边发生水平位移，其结果是原来中心位置的土颗粒不断向四周运动，并在冻胀丘隆起的坡脚位置堆积。多年冻土退化后，冻胀丘下部的冰核融化，上覆土层塌陷，由于中心位置的土颗粒部分已经转移到周边，上覆土层并不能完全填满冰核融化释放的空间，因此在地表形成凹陷的负地形。其形状大致与冻胀丘平面形状相近，多呈圆形或椭圆形。同时，冻胀丘周边由于积累了自中心部位迁移过来的土颗粒，因而形成一圈围绕冻胀丘融化凹陷的围垄。这种中心凹陷、周围隆起类似火山口（有的发育有水分排泄口）的地形是冻胀丘曾经存在的证据，称为多年生冻胀丘遗迹或冰皋遗迹（图 5-11）。冻胀丘遗迹也是多年冻土曾经存在的直接证据，具有显著的古环境意义。

　　多年生冻胀丘或冰皋遗迹虽然能够直接证明多年冻土发育（或曾经发育），但是关于其定年却比较困难。多年生冻胀丘的发育与地层形成并不是同步的，所以在利用地层材料进行定年时，需要谨慎分析。虽然没有直接定年手段，但是通过地层对比和分析，仍然可以大致确定多年生冻胀丘或冰皋遗迹形成时代。

　　在青藏公路西大滩东段（小南川口以东）沿东西向大断裂带附近，分布有许多塌陷的古冻胀丘洼地。洼地串珠状排列，呈马蹄形，每个洼地都有一个出口。最大的洼地直径达 200 m 以上，相对深 5~6 m。个别洼地积水，枯干的洼地已生长植物。该地段海拔 4250 m a.s.l.左右，现为季节冻土区，未见到正在发育的冻胀丘。对其中一冻胀

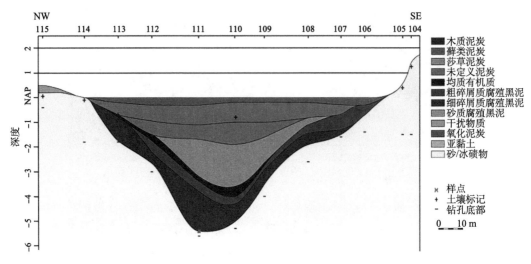

图 5-11　冻胀丘遗迹地层剖面（de Bruijn，2012）

丘边缘顶部腐殖质土进行 ^{14}C 测定，其年代为 3925 a BP，其洼地中心的腐殖质层为 720 a BP。由此判断该地段古冻胀群生成于晚全新世寒冷期，并于晚全新世温暖期开始融化塌陷为古冻胀丘洼地（冰皋遗迹）。利用古冻胀丘及洼地中心的沉积物并结合其他资料可间接地恢复某一地区冻土演化和环境变化状况。

5.4　冷生地层反映的气候环境变化

地层受到冻融作用的影响，土颗粒或团块发生变形或变位，形成冻土层中特有的一类地层结构和构造，称为冷生地层。冷生地层既包括受到冷生过程改造的原有地层（对应发育的多年冻土，称为次生型多年冻土），也包括寒冷环境下地层逐渐加积形成的新地层（对应形成的多年冻土，称为共生型多年冻土）。

冷生地层在发育过程中，地下水的迁移和相变过程对地层的改造至关重要。地层中地下冰含量和赋存形态称为冷生（地层）结构。地下冰不但与多年冻土岩土工程性质密切相关，也包含着地层、地貌、气候等方面的变化信息，受到第四纪研究者的重视。利用冷生过程对地层结构的改造，研究地层中曾经经历的多年冻结历史，发掘其中包含的气候信息，是冷生地层学（cryostratigraphy）的一项重要任务。

由于地层岩性、含水量、多年冻土发育过程、气候变化历史等因素的差异，多年冻土层中的冷生结构存在多种类型。在松散地层中，地下冰的冷生结构见表 5-3。

表 5-3　松散地层中的地下冰冷生结构（图中黑色部分表示冰体）

冷生结构图示	冷生结构	沉积物	冰来源	赋存
	整体状	粉土、黏土、砂	结合水冻结	肉眼不可见冰晶
	孔隙冰（无结构）	砾、砂	孔隙水就地冻结	细粒冰晶在孔隙中均匀分布
	透镜冰	粉土、黏土、细砂	分凝作用 裂隙充填（竖向）	毫米级厚度，韵律分布
	层状冰	粉土、黏土、细砂	分凝、侵入作用 裂隙充填（竖向）	毫米级的层理到米级的厚层
	辫状冰（规则）	粉质黏土	分凝作用	毫米级交错层理
	网状冰	粉质黏土	分凝作用 侵入作用	纵横交错，冰体相互沟通
	包裹冰	含砾粉黏土		以薄膜或壳状包裹在砾石周围
	悬浮冰	粉土、黏土、砂、砾	分凝作用 侵入作用	土颗粒或团聚体悬浮在冰中

通常对于特定地点来说，多年冻土发育过程中，相同岩性的地层中往往发育相同的冷生结构。如果同一地层中的冷生结构发生变化，则说明多年冻土发育过程经历了某种改变。比较常见的是多年冻土上部冷生结构的改变，往往意味着外部气候条件的改变。

在加拿大北极地区，多年冻土层上部通常存在二元冷生结构组合，如图 5-12 所示。多年冻土在寒冷条件下发育，活动层季节融化，多年冻土层常年冻结，借用地层学概念，把活动层与多年冻土层的接触称为融化不整合（图中 T-U[1]）。后期气候好转，融化层加深，融化不整合面下移，季节冻结深度与多年冻土上限不衔接，形成融化夹层[图 5-12（b）]。气候再次恶化，活动层变浅，并再次与多年冻土层衔接，原来的融化夹层中形成新的冷生结构，原来的融化不整合面称为古融化不整合面（T-U^2）。融化不整合面的存在为推测古气候变化、地表状态的变化提供了直接证据。在地层剖面上，常常利用冷生结构的变化、冰楔冰融蚀残余、地下冰中的同位素比率值差异来判断热融不整合面的位置，有时也可利用地层颜色的变化或者风化特征来判断。例如，在加拿大 Mackenzie 三角洲地区发现全新世早期（8.0～9.0 ka BP）的古活动层深度为 125 cm，是现代活动层厚度的（约 50 cm）2.5 倍，意味着当时夏季比现在更温暖、持续时间更长，根据史提芬方程计算，当时夏季的气温融化指数达到现在的 6.25 倍。

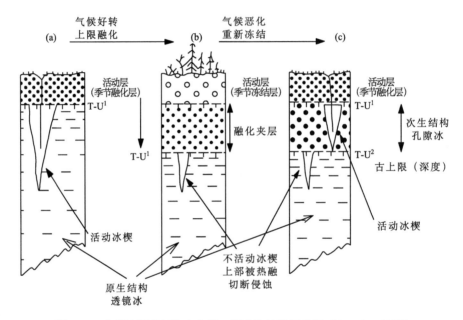

图 5-12　北极地区多年冻土上部二元冷生结构示意图（French，1998）

　　地层由于反复冻融而发生土颗粒位移，产生非构造因素引起的变形、变位，称为地层的冷生构造。冰楔、砂楔等开裂形态也属于冷生构造的一种形式。冷生构造造成地层的永久变形，即使冻土消融，也可在地层中长期保存，也是气候环境信息的记录载体。

　　多年冻土活动层是水热剧烈交换的场所，冻融过程长期作用，水分迁移、土体体积变化强烈扰动地层物质，是冷生构造发育的主要场所。对于细颗粒土来说，其沉积过程往往具有明显的层理，在饱水情况下受到冻融扰动，往往形成类似构造运动的地层褶皱，但是其空间尺度远远小于构造变形，称为冻融挠曲（图 5-13）。在粗颗粒土中，特别是卵石层中，形成混杂堆积，没有明显层理，在饱水条件下受到强烈冻融扰动，其中的块石受冻胀和冻拔作用，发生定向排列，长轴一般垂直于地面。

图 5-13　茶卡盐湖盆地中冻融挠曲（吴吉春摄）

在多年冻土层中，地下冰在分凝过程中，水分向冻结锋面迁移，水分迁出部分则失水固结。在黄土地区，会造成冷生层理，即使多年冻土消融以后也会保留。北美、欧洲黄土和类黄土堆积区内普遍发育的脆盘（fragipan）也被认为和多年冻土有关。

对冷生构造的气候信息研究目前还比较欠缺。当前，普遍认为部分发生在活动层中的冷生构造并不指示多年冻土，如冻融挠曲、小型砂楔、土楔。在分析这类现象时，需要结合其他气候指标的成果，对区域环境、地层状况综合做出判断，才能够得出较合理的结论。

5.5　冻土区洞穴沉积气候环境记录

洞穴沉积物作为过去气候变化的信息载体已经得到广泛的应用。石笋记录的气候信息代用指标丰富，记录相对连续，定年精度较高，记录时间跨度长，逐渐成为和深海沉积、冰芯、黄土并列的古气候对比标尺。

岩溶地层在全球分布广泛，地表水进入碳酸盐岩裂隙中发生化学溶解，在地下洞穴中渗出时发生逆反应，形成钟乳石等洞穴次生碳酸盐沉积。地层中的水分运移是形成次生碳酸盐沉积的关键因素之一。在多年冻土区，地层裂隙中的水分被冻结，不能发生流动，从而限制了冻土区岩溶过程，对应的干旱地区由于地表降水稀少，也会限制这一过程。这种极端环境下的洞穴沉积受外界气候因素变化的影响更显著，虽然沉积过程的连续性被打破，但是沉积物更加直接地反映气候变化过程，这是其他代用指标所不具备的优势。一般的气候代用指标多来自统计规律，具有多解性和相关性不显著的缺陷。

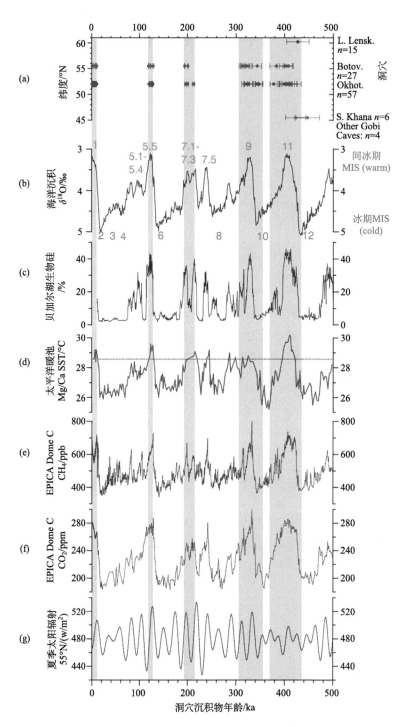

图 5-14　西伯利亚和蒙古洞穴沉积物生长时间与其他古气候记录的对比（Vaks et al.，2013）

（a）为石笋的 U-Th 年龄；（b）～（f）为各地其他代用指标序列；（g）为夏季太阳辐射变化

　　洞穴中渗透的水分主要来自外界的大气降水，通过地面入渗到洞穴顶部的碳酸盐地层裂隙中，在洞穴中渗出，并发生碳酸盐二次沉积，形成洞穴沉积物。如果外界气候变冷，地层中发育多年冻土层，则会阻断地表水的下渗，使得洞穴中的沉积间断；气候暖化，洞穴顶部多年冻土层退化消融，化学沉积作用再次开始。利用铀系高精度定年方法可以在多年冻土边缘地区有效获取多年冻土的发展和消融历史，进而也可以推测当时的气候条件。

　　图 5-14 是西伯利亚中部连续多年冻土边界到蒙古南部戈壁一条剖面上位于不同纬度的几个溶洞中洞穴沉积物测年情况。纬度最高的溶洞位于 60.2°N，最低的为 42.5°N。对 6 个洞穴中的 36 个石笋完成了 111 个定年，测年数据揭示了 500 ka（相当于 MIS-13）以来剖面上多年冻土变化情况。位于最北位置的溶洞处于现代连续多年冻土区边缘，洞穴沉积作用集中在 MIS-11 阶段，说明当时多年冻土界限已经退化至 60°N 以北地区，这一阶段是 500 ka 以来最温暖的时期，对应的位于最南端的戈壁沙漠中几个干旱区洞穴也仅在这一时期发生沉积，说明当时也是 500 ka 以来最湿润的时期。位于 55.3°N 和 52.1°N 的两个洞穴中，500 ka 以来的每个暖期都有沉积发生，冷期则间断，说明这两个地区的多年冻土随着气候变化反复消融和发育。

　　在没有自然对流的洞穴中，洞中的气温变化主要依赖上覆地层对外部气候波动的热传导过程，当洞中的气温降至 0℃ 以下时，说明多年冻土厚度已经扩展至洞穴的埋藏深度处。洞中的饱和岩溶水由于水分的冻结发生碳酸钙的二次结晶析出，一般形成粉末状的细晶或砂状粗晶，称为冷生洞穴沉积（cryogenic cave carbonate）（图 5-15），其单晶或晶簇尺寸可达几厘米，反映了洞穴底部积水非常缓慢的冻结过程。冷生粗晶碳酸盐中由于水分冻结和二氧化碳的释出，发生碳、氧稳定同位素的逆向分馏，结果是 $\delta^{13}C$ 偏高，$\delta^{18}O$ 很低，这与一般地区相比存在较大差异，呈负值（图 5-16）。

图 5-15　欧洲中部洞穴中的冷生洞穴沉积物（称为晶砂，crystal sand）（Orvosova et al.，2014）

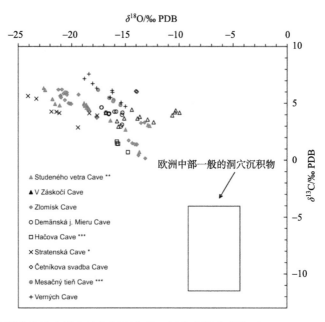

图 5-16　欧洲中部几个洞穴冷生沉积物碳、氧稳定同位素比（Orvosova et al.，2014）

根据不同海拔位置的几个洞穴冷生碳酸盐沉积测年，欧洲中部喀尔巴阡山脉西部在末次冰期多年冻土面积扩展到最大的时期为 19.8～14.9 ka BP，山地多年冻土下界下降至海拔 800 m a.s.l.，该地区山地冻土最大厚度可达 285 m。

5.6　基于冻土钻孔温度重建的过去地表温度变化

热量在多年冻土地区地层中主要以热传导方式传递，这一过程可用热传导方程进行描述。地表的温度变化是热量在地层中传递的驱动因素。在多年冻土研究中，常常以已知的气候变化（主要是地面温度变化的连续时间序列）为驱动，利用热传导方程计算多年冻土层各深度地温的变化。热量从地表开始向地下传播，受传热介质（土颗粒、水分、空气和冰）的热阻作用，温度变化幅度逐渐减小，响应时间逐渐滞后。热量向下传播过程中，变化幅度小、历时短的环境温度变化随着深度增加逐渐被过滤。例如，地表温度的日变化过程只能传递至地表以下 30～40 cm 深度处，年变化过程可传递至地表以下 15～20 m 深度处，时间滞后约半年。只有历时较长、气温变化显著的气候事件才能越过年变化深度继续向地下深处传播。多年冻土深层的地温变化信号记录了历史时期的气候变化信息，利用数学反演的方法，对热传导反问题进行求解，即可由地层深处的温度反演出气候历史时期地表温度的变化过程。这一方法首先在多年冻土区开展，目前已经在全球广泛应用。

Majorowicz（2004）等用泛函空间反演方法（FSI）分析了位于加拿大北部不连续多年冻土区和连续多年冻土区（60°～82°N）中的 61 个钻孔温度剖面，重建了过去 1000 年的气候变化，表明 18 世纪末期至 20 世纪地表温度明显变暖（图 5-17）。加拿大北极地区地表温度在过去 200 年间上升超过约 1.3℃。加拿大北部与东部和中部（60°N 以南）的数据相比，并没有明显的由南至北的地表温度变暖梯度，后者升温约 2℃。美国阿拉斯加地表温度重建结果表明仅在 20 世纪升温幅度就达到了 2℃。Pollack[①]根据北半球的 695 个钻孔和南半球的 166 个钻孔的温度剖面重建了 1500～2000 年全球地表温度变化。

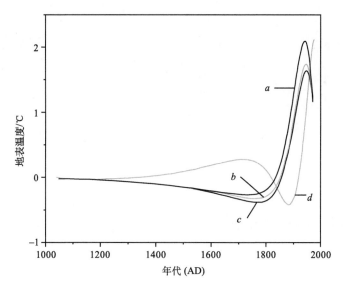

图 5-17　基于深孔温度剖面反演的加拿大北部地表温度变化历史

曲线 *a* 为北部组的 24 个剖面重建结果；曲线 *b* 为加拿大北极地带的所有剖面（60°～81°N）重建结果；曲线 *c* 为南部组的 37 个剖面重建结果；曲线 *d* 为 Lachenbruch 等所示阿拉斯加沿岸平原钻孔温度重建地表温度结果（Majorowicz et al., 2004）

　　根据青藏高原东北部不同地区钻孔温度剖面（钻孔位置如图 5-18 所示）进行过去地表温度变化的单点重建研究，利用钻孔温度方法反演得到不同时间区间古气候信息（图 5-19）：①黑河上游深 100 m PT1 钻孔气候变暖导致进入多年冻土的长期净热流约为 0.014 W/m^2，深处稳态热流约为 0.0247 W/m^2。PT1 钻孔 1952～2012 年地表温度由–2.7℃ 线性升高了 0.5～0.65℃。②黑河上游深 150 m PT9 钻孔地热梯度为 2.25℃/100 m，1895～ 2015 年地表温度由–2.3℃升温至–1.5℃。③五道梁深 120 m 钻孔温度剖面利用奇异值分解方法和 Tikhonov 方法重建地表温度，结果表明，1930～2013 年地表温度升高 1.8 ± 0.2℃，且剧烈升温过程开始于 20 世纪 80 年代。五道梁气象观测站的气温观测结果验证了用 Tikhonov 方法重建的 2008～2012 年的地表温度波动，且在时间重合阶段气温和重建的地表温度具有相同趋势。④根据昆仑山深 220 m 钻孔温度剖面，用奇异值分解方法和 Tikhonov 方法重建地表温度的结果表明，1700～2013 年地表温度由–6.5 ± 0.8℃升

① Pollack H N. 2005. Reconstruction of Ground Surface Temperature History from Borehole Temperature Profiles. Proxy Manuscript.

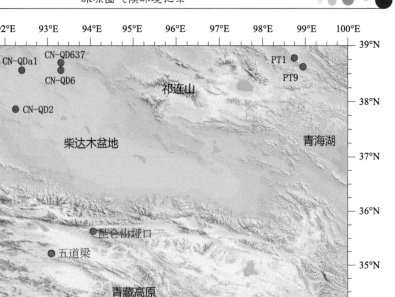

图 5-18　青藏高原东北部主要冻土钻孔位置图

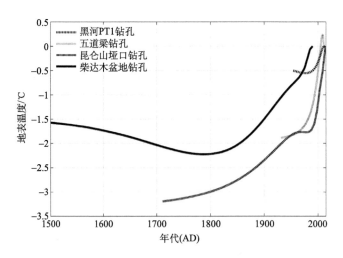

图 5-19　黑河 PT1 钻孔、五道梁钻孔、昆仑山垭口钻孔、柴达木盆地钻孔温度重建过去地表温度变化
趋势比较图（Liu and Zhang，2014）

为了便于比较各钻孔恢复的温度变化，将所有的"现今温度"设在 0℃位置

高至–2.8±0.2℃。两方法重建的地表温度变化具有相同趋势，仅升温时间和幅度略有差别。与五道梁观测站的气温观测数据对比表明，Tikhonov 方法重建的地表温度更可靠。⑤柴达木盆地 7 个钻孔（深度 220~400m）温度反演表明，此区域过去 514 年地表温度升高了 1.2℃（–0.11~2.21℃），1500~1900 年的小冰期寒冷气候有明显的表现。最冷时期发生在 1780~1790 年，当时的地表温度为 5.4℃（Liu et al., 2020）。在 19 世纪和 20 世纪期间，重建的地表温度具有升温趋势，且在 20 世纪末达到最高值，随后开始降温。重建的地表温度变化幅度已由 EdGCM 模式模拟的地表平均气温所验证，细节温度特征得到代用指标结果验证。

思　考　题

1. 野外工作中，在出露的地层剖面上发现楔形构造，初步判断其为一类冷生现象。为了揭示其代表的气候环境变化信息，简述相关的研究工作步骤。

2. 为什么说对地层中的各类冰缘现象定年比较困难？

3. 利用各类冰缘现象进行古气候环境变化重建，其优点和缺点是什么？

第6章
冰冻圈树木年轮气候环境记录

在冰冻圈区域内，树木主要生长在中低纬度高海拔地区和亚北极地区。这些地区的树木生长过程会受到冰冻圈变化过程的影响。本章将着重介绍冰冻圈树木年轮所反映的冰川、冻土和积雪变化的相关信息，以及冰冻圈区域历史时期的气候变化过程。

6.1 树木年轮记录反映的冰川变化

树木年轮冰川学研究仅限于在既有森林分布又有冰川发育的地区进行相关研究。高纬度和高海拔地区的树木生长和冰川变化对于气候变化的响应具有较好的同步性，因此树木年轮（简称树轮）可被用来重建过去的冰川变化。目前，开展此类研究的区域主要集中在泛北极地区和第三极地区，还有其他一些区域也有零散的研究。本节主要从上述几个区域介绍树木年轮记录反映的冰川变化。考虑到树轮在年代学方面的准确性，只介绍了利用树轮交叉定年技术开展的研究，以提供更为可靠的冰川变化历史信息。目前这一方面的研究主要集中在过去 1000 年以来，尤其是小冰期这一冰川进退活跃的时间段。

6.1.1 泛北极地区冰川变化

在冰川较为发育的泛北极地区，树木年轮被大量用来研究过去的冰川变化。其中既有物质平衡方面的重建研究，也有冰川末端进退变化历史的测年研究。

加拿大是全球树轮冰川学研究最为密集的地区。基于树木年轮宽度与冰川物质平衡之间的关系，利用多个样点的针叶树种的树轮宽度，重建了加拿大不列颠哥伦比亚省海岸山脉沃丁顿地区 1450～2000 年冰川物质平衡变化。重建的区域冰川物质平衡记录显示，在 18 世纪 50 年代、19 世纪 20～30 年代、20 世纪 70 年代，冰川处于正的物质平衡峰值期。上述这些时期在冰川末端进退变化历史的重建研究中也得到了较为一致的对应关系。例如，18 世纪中期、19 世纪早期和晚期以及 20 世纪初中期的冰川前进与冰川物质正平衡时期有关。

冰川末端变化的年代可以通过冰碛垄上老树的年龄来确定。在这一地区，先锋树种在冰碛垄形成后 10～50 年（定居期）可以生长到冰碛垄上。因此，先锋树种的最老树龄加上其定居期可以反映冰川冰碛垄的最小年龄，也就是冰川前进或稳定转化为冰川退缩的最晚时间。大量的树轮冰川学研究显示，加拿大沃丁顿地区的冰川在过去 1000 年里主要经历了 1203～1226 年、1260～1275 年、1344～1362 年、1443～1458 年、1506～1524 年、1562～1575 年、1597～1621 年、1657～1660 年、1767～1784 年、1821～1837 年、1871～1900 年、1915～1928 年和 1942～1946 年等冰川进退波动转换的时期。与北美其他地区树轮冰川学研究结果的对比显示，这一地区的冰川变化与北美洲太平洋沿岸的冰川变化具有很好的一致性。这意味着沃丁顿地区的冰川变化可能代表了大范围的冰川进退波动。

此外，在泛北极地区的瑞典、阿拉斯加等地区也有一些树轮冰川学研究，为研究冰川物质平衡变化及其主控气候因素提供了重要的数据基础。例如，利用树木年轮资料和北大西洋涛动（NAO）环流资料恢复了瑞典 Storglaciären 冰川过去 500 年的年物质平衡变化。之后，又重建了 Storglaciären 冰川过去 200 多年的冬季物质平衡和夏季物质平衡的变化。结果表明，该冰川的夏季物质平衡和温度具有显著的关系，冰川夏季物质平衡是决定冰川净物质平衡的主要因素。利用树轮资料重建了东北太平洋阿拉斯加湾周边地区六条冰川物质平衡小冰期以来的变化，发现它们的变化具有一致性，并且其正物质平衡时期与冰碛垄的形成、太阳活动极小期一致（Malcomb and Wiles，2013）。20 世纪以来的冰川退缩在过去几个世纪中都是独一无二的，该地区冰川变化正在由全球气候变化驱动主导。在该地区还根据 Geikie 冰川及其支流前进过程中冰碛物和洪水埋藏的树木和活树树轮重建了冰川小冰期以前的前进事件，发现 Geikie 冰川在大约 3.4 ka BP、3.0 ka BP 及 850 AD 前后处于前进状态。在威廉王子湾，利用树轮年代学以及 ^{14}C 定年技术，结合残遗木延长年表序列，重建了过去 1000 年来的冰川波动历史，结果显示小冰期内有三次明显的冰川前进时期，即 12～13 世纪、17～18 世纪以及 19 世纪后期。基于树轮重建的阿拉斯加南部 Tebenkof 冰川近 1.8 ka 以来的变化表明，其在 8 世纪 10～20 年代时期曾出现前进，之后退缩，13 世纪 80 年代～14 世纪 20 年代出现小冰期时的第一次冰川前进，17 世纪 40～70 年代冰川再次前进，该冰川小冰期时的最大规模出现在 19 世纪 90 年代（Barclay et al.，2009）。

6.1.2　第三极地区冰川变化

青藏高原南缘地势高峻，受南亚季风的影响，这里降水十分丰富，不仅发育了大量现代冰川，而且林线分布海拔很高。这一地区许多冰川的末端都下伸至海拔 3000～4000 m a. s. l.，远在林线（约 4500 m a. s. l.）之下。森林和冰川的大范围交互为研究冰川末端进退变化提供了良好的场所。在该区域冰川前进所形成的冰碛垄上，多有树木生长，确定它们的定居期直接关系到这些冰碛垄的形成时间。相关研究发现，在青藏高原南缘喜马拉雅山、念青唐古拉山、横断山一带，冰川区的先锋树种最快 10 年左右（4～11 年）就可以定居至冰川退缩迹地区域，这提供了约 10 年精度的冰川变化信息（图 6-1）。但是，要获得高精度的冰川进退历史，需要在树轮取样方法上有严格的标准控制做保障。针对此问题，Zhu 等（2019）提出了一套系统的技术方法和评价体系，以提高研究结果的精确度并评估其不确定性。这不仅为利用森林更新重建小冰期以来的冰川变化奠定了理论和方法基础，也可以为其他测年（如 ^{10}Be、地衣等）方法提供借鉴。

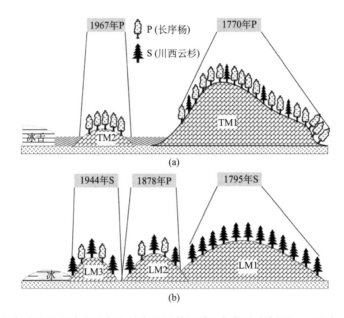

图 6-1   藏东南米堆冰川末端冰碛垄上最老活树基部髓心年代分布剖面图（改自徐鹏等，2012）
(a) 终碛（TM）； (b) 侧碛(LM)

目前，第三极地区树轮冰川学研究主要集中在青藏高原东南部，研究显示小冰期以来，藏东南地区冰川发生了几次明显的进退变化。18 世纪后半叶、19 世纪后半叶及 20 世纪初期的波动事件，在多条冰川变化重建信息中都有记录，可能是区域一致性的进退事件（表 6-1）。将重建的冰川进退历史与冰川附近山坡的树轮宽度和密度资料进行对比发现，在年代际尺度上冰川进退与温度具有较好的对应关系。例如，米堆冰川无论是在年代际尺度上还是在百年尺度的长期变化上，冰川进退都与夏季温度波动关系密切。但是，目前的测年证据多数集中在 1750 年之后，研究样点在空间上的分布还很稀疏。相对于泛北极地区树轮冰川研究而言，第三极地区的树轮冰川研究数据量还远远不够，亟待加强。

表 6-1　藏东南地区冰川进退历史重建结果汇总表（刘雯雯等，2015）

冰川	1500~1550年	1550~1700年	1700~1750年	1750~1800年	1800~1850年	1850~1900年	1900~1950年	1950~2000年
1.新路海冰川				1777~1787年	1807~1820年	1885年	1907~1920年	
2.米堆冰川				1767~1775年		1875年	1924年	1964年
3.嘎瓦隆冰川				1758年				1987年
4.白同冰川	1543年			1757年				
5.则普冰川				1785年		1895年		
6.新普冰川		1663年	1746年				1927年	
7.贡普冰川				1785年			1910年	
8.加拉白垒冰川				1760年				1951年,1987年
9.新措冰川						1876年		

　　冰川物质平衡是研究冰川末端进退与气候变化的纽带，重建冰川物质平衡是理解古冰川变化的关键。基于树轮资料重建了横断山区海螺沟冰川 1868~2007 年的冰川物质平衡变化记录。重建结果表明，自 20 世纪初以来该冰川物质主要表现为亏损状态，期间存在短暂的物质积累期，如 20 世纪 20~30 年代、60 年代及 80 年代后期。该结果与海螺沟冰川的退缩速率及区域气候变化对应较好。这表明温度变化是影响海螺沟冰川长期物质平衡变化的主要因素。

　　在天山地区，利用树轮宽度和稳定碳同位素比率资料重建了天山西部地区的图尤克苏（Tuyuksuyskiy）冰川 1850~2014 年的年冰川物质平衡变化，发现 1968 年之后该冰川经历了最长时间和最剧烈的消融（图 6-2）。该冰川的物质平衡变化受到温度和降水条件的综合控制。

6.1.3　其他地区冰川变化

　　在北半球，除了上述主要冰川分布区外，科学家们在高加索山地区也开展了树轮冰川学研究。在北高加索地区，主要的冰川退缩开始于 19 世纪 40 年代晚期，总体而言冰川长度减少超过 1000 m，冰川末端海拔上升超过 200 m，但在 19 世纪 60~80 年代存在小的冰川前进，在 20 世纪也出现过 3 次前进或稳定状态。该地区冰川进退变化与重建的

Garabashi 冰川物质平衡和 1596 年以来的夏季温度变化趋势一致。

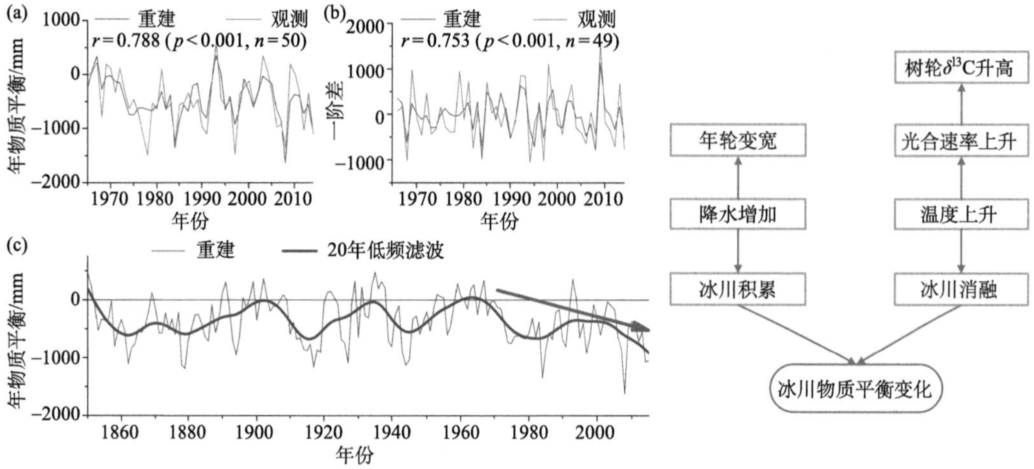

图 6-2　天山 Tuyuksuyskiy 冰川年物质平衡重建及其控制机制框架（Zhang et al.，2019）

在南美安第斯山区也开展了基于树木年轮的冰川变化研究。在南巴塔哥尼亚（53°～56°S）的 Magallanes-Tierra del Fuego 地区，利用树轮冰川学方法研究了 Schiaparelli 冰川的变化，确定了该冰川三个相邻终碛垄的形成时间为 1749 年（±5 年）、1789 年（±5 年）和 1867 年（±5 年）（Meier et al.，2019）。而对南美安第斯山中部（33°～36°S）树轮冰川的研究揭示，近 700 年来该地区冰川在 1450 年、1650 年和 1850 年前后存在三次冰川前进（Le Quesne et al.，2009）。由此可见，南美安第斯山区小冰期时期的冰川前进存在区域差异性。

6.2　树木年轮记录反映的冻土环境变化

在冻土区，反复的冻融过程导致森林土壤发生蠕动，生长在严重冻融活动扰动的土壤上的树木会因土壤蠕动而倾斜，形成"反应木"。生长在冻胀丘上的树木易发生周期性的倾斜，这种倾斜会以"压缩木"的形式记录下来。冻土区树木的径向生长与土壤温度条件密切相关，夏初的高温对树木生长具有至关重要的作用，冬季升温导致土壤在春季融化提前，从而使得树木形成层活动时间提前。另外，冻土区积累在土壤上层中的水分对来年生长季早期树木生理活动具有较大的影响。因此，冻土区树轮记录可反映冻融状况、冻胀丘活动以及冻土的温湿度变化情况。

在加拿大 Inuvik（68°21'N，126°4'W）和 Norman Wells（65°I7'N，126°47'W）地区，对 59 个小丘上 157 个"反应木"树轮记录的研究（Zoltai，1975），发现该多年冻土地区在过去 160 年间由冻融引起的地面起伏运动存在短暂的高活动期和相对静止时期，并且北部地区地面起伏活动较南部地区早 2 年。树轮记录显示，1847～1943 年地面起伏活动较强，而 1950～1970 年地面起伏活动较弱，较高的地面起伏活动与气温偏高及降水增多有关。

综合运用树轮年代学、气候变量分析、根区水分含量和净初级生产量方法，对位于西伯利亚北部多年冻土区（约 67°38′N，99°07′E）的落叶松生长指数（GI）的研究表明（Kharuk，2019），落叶松对冻土区温度和水分变化有敏感的响应，20 世纪 70 年代到 1995 年，GI 随夏季气温升高而增大，1995 年后 GI 在干旱和蒸发加强引起的水分胁迫下减小。在 1970 年变暖开始之前，水分胁迫没有影响冻土区落叶松生长，说明土壤储存的水分供给了落叶松的生长，也说明了生长在涵水能力低的冻土区的植被水分胁迫尤为明显。落叶松群落的总初级生产力（GPP）呈增加趋势，而净初级生产力（NPP）则停滞不前。因此，西伯利亚北部多年冻土带变暖导致 20 世纪 70～90 年代中期落叶松生长的增加。自 1990 年以来，植物生长期开始时的水分胁迫与空气温度一起成为影响多年冻土区落叶松生长的主要因素。

利用中西伯利亚北部连续冻土区采集的落叶松建立了年轮宽度和碳、氧稳定同位素比率年表（Sidorova et al.，2009）。结果表明，树轮稳定碳同位素比率与 6～7 月温度呈正相关，与 7 月降水量呈负相关；氧稳定同位素比率与年平均温度呈正相关、与年总降水量呈负相关；从 1960 年开始，树轮稳定碳同位素比率和氧稳定同位素比率的关系发生转变，从负相关变成了正相关。这种转变指示了 20 世纪后半期冻土区土壤水分减少的趋势。

随着全球变暖的加剧，冻土活动层深度加大，导致活动层内土壤水分向下迁移。这些改变会显著影响北方高纬地区森林的生长环境。在东北大小兴安岭，多年冻土的退化和消失与森林退化同步发生。

利用树轮多指标结合研究发现，全球变暖引起土壤活动层增厚将大幅提高冻土区落叶松的森林生产力，并且对树木生长的环境影响因子从温度限制转变为水分限制。例如，大兴安岭森林生长与土壤的温度呈正相关关系，与多年冻土融化深度呈负相关关系；蒙古北部冻土区广泛分布的西伯利亚落叶松的生长受到夏季温度、降水和冬季降水的影响，响应分析和模拟结果表明，在未来全球变暖的背景下，蒙古北部西伯利亚落叶松生产力将持续下降。

6.3　树木年轮记录反映的积雪变化

受积雪观测资料长度的限制，研究过去长时间尺度积雪变化需借助代用资料。生长在积雪区域的树木对积雪深度和雪水当量变化比较敏感，利用树轮指标研究了美国华盛顿州喀斯喀特（Cascade）山气候对亚高山冷杉、云杉和落叶松生长的影响，发现春季积雪负相关于树木生长，较深的积雪对来年树木生长不利；该区域亚高山森林对未来气候的响应取决于积雪的厚度和融化速率。在亚北极的森林-苔原地区，发现积雪增加导致积雪融化延迟会影响树木的生长。树木形成层活动的开始时间因积雪的增加有所延迟，生长季也有所缩短；这种变化不仅会导致树木生长速率减缓，而且也降低了树木生长和温度的相关程度，即树木生长对温度变化的敏感性降低。这些研究表明，在特定区域树轮代用资料可以作为积雪变化的有效代用资料。

在美国科罗拉多甘尼森河流域，利用树轮资料重建了过去 400 多年的雪水当量（SWE）变化，发现雪水当量极值年和低值时期的持续时间不均匀分布，在 20 世纪的变化和极值位于长期的变化范围之内。通过大量的样品采集和仔细选择，Pederson 等（2011）利用树轮记录重建了哥伦比亚、密苏里和科罗拉多河源头过去 1000 年的研究区 4 月 1 日雪水当量的变化（图 6-3）。重建结果表明，在过去的 800 年仅有两个时期（1300～1330 AD 和 1511～1530 AD）出现雪水当量低值，其平均值与 20 世纪的早期和后期相当。相反地，北科迪勒拉山地地区在 17 世纪 50 年代～19 世纪 90 年代雪水当量值较高。通过重建雪水当量和河川径流变化的比较，发现较高的积雪积累对应于较高的河流径流量，反之亦然。研究表明，20 世纪 80 年代以来研究区积雪减少是不寻常的，这些变化指示了北美科迪勒拉山地区域积雪变化的控制因子发生了从降水到温度的实质性的转换，导致区域水资源供应的变化。

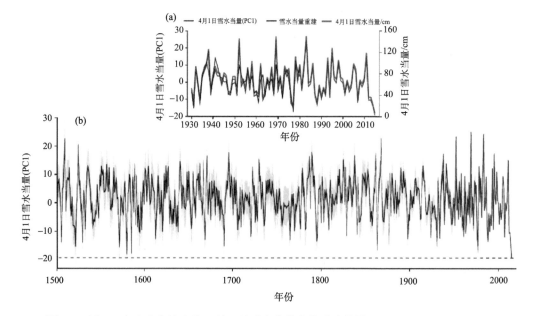

图 6-3　近 500 年来内华达山脉 4 月 1 日雪水当量变化重建结果（Pederson et al.，2011）

（a）为 108 个站点的平均雪水当量（cm，蓝色曲线）和重建以及第一主成分的比较；（b）为器测（1930～2015 年，红色曲线）和重建的雪水当量（1500～1980 年，黑色曲线）第一主成分（PC1），阴影部分为重建误差估计。重建校准的第一主成分来自内华达州 108 个测站，其方差解释量为 63%（1930～1980 年）

在西喜马拉雅地区，基于树轮宽度序列重建的 12 月至翌年 4 月的雪水当量序列，与西喜马拉雅地区对应月份干旱指数具有一致性，并与奇纳布河 1～3 月径流量存在显著相关关系。根据贡嘎山树木生长上限的冷杉宽度和稳定碳同位素比率序列重建的积雪深度序列发现，在 20 世纪 10 年代、30 年代、1950～1980 年、90 年代后半期的时间段内积雪深度较小，而在 20 年代、40 年代积雪深度较大，1990 年附近属于过去 100 年中积雪深度的最高值，其他时段处于正常变化范围之内。通过重建序列与其他代用指标之间的对比，发现东亚冬季风较弱的时期贡嘎山地区的积雪深度较大，反映出东亚冬季风对于该区域积雪的影响。

6.4　树木年轮记录的重大气候环境事件

树木年轮资料分布广泛，是研究近千年来气候环境变化的重要代用资料。近千年来气候变化的 3 个特殊时期，即中世纪气候异常期、小冰期和 20 世纪暖期（20th century warming），均在树木年轮中有很好的记录。

6.4.1　中世纪气候异常期

中世纪气候异常期指发生在 900～1300 AD 温度异常暖的气候阶段，早期研究发现，在 1100～1200 AD 时期欧洲及北大西洋周边地区的温度异常偏高，而这一时期正值欧洲中世纪时期，因此早期称为中世纪暖期。但最近几年的研究发现，中世纪阶段温度偏高并不具有全球普遍性，也存在增温不明显或者温度偏低的地区。因此，在最近的研究中称此阶段为中世纪气候异常期。

树木年轮记录的中世纪气候异常期在冰冻圈区域（尤其是高纬度地区和高海拔地区）具有空间差异性。在青藏高原祁连山中部的高海拔地区，树轮宽度指数序列所反演的温度变化表明在 1050～1150 AD 为温度偏高阶段，而在柴达木盆地森林上限利用树木年轮资料重建的温度序列在同一时期却表现为总体偏冷。在欧洲的阿尔卑斯山以及高纬度的斯堪的纳维亚半岛，利用树轮宽度及稳定碳同位素比率重建的夏季温度序列都表明，欧洲在中世纪时期的温度为仅次于 20 世纪暖期的第二高温阶段。由此可见，中世纪气候异常期在不同地区的出现时间和温暖程度存在显著的差异。

树木年轮记录的中世纪时期降水变化状况在冰冻圈不同区域也存在差异性。基于树轮宽度资料重建的柴达木盆地高海拔地区的降水序列显示中世纪阶段降水整体偏少，处于过去千年中的干旱时期。喀喇昆仑山和喜马拉雅山两条千年树轮氧稳定同位素记录也反映了高原西部和东北部该时段降水偏少，较为干旱。而在北欧地区，树轮稳定碳同位素千年序列反映的湿度变化显示，中世纪时期气候温暖湿润。总体而言，中世纪时期青藏高原地区降水偏少，温度存在冷暖波动，欧洲则为温暖湿润的气候特征。不同的温湿组合关系势必会造成积雪、冰川、冻土等冰冻圈要素的分布存在区域性差异。

6.4.2　小冰期

小冰期是指出现在中世纪气候异常期之后，全球气温出现下降的现象，发生在1500～1850年，是距今最近的一次全球性普遍降温事件。小冰期的低温气候特点在高纬度和高海拔地区尤为明显，小冰期温度降低，树木生长变缓。树轮记录显示小冰期时的温度和降水变化在不同地区差别较大，青藏高原东北部与东南部小冰期阶段降水充足，气候较为湿润，而欧洲地区小冰期阶段降水较少，干旱发生频率较高；整体上，小冰期时期青藏高原为冷湿的气候特征，欧洲高纬度地区为冷干的气候特征。

在小冰期开始的时间上，不同的研究者所得出的结果存在一定的差异。在青藏高原，祁连山中部高海拔地区的树轮宽度资料显示小冰期主要发生在1440～1890年；东北部树轮重建的温度序列表明小冰期鼎盛时期发生于1599～1702年；树轮、冰芯与湖泊资料综合重建的温度序列认为青藏高原地区小冰期发生在1400～1900年。而在欧洲，阿尔卑斯山树轮记录的温度变化显示在1350～1850年为小冰期阶段。树轮稳定碳同位素比率指示17世纪是过去1200多年以来最冷的时段，也就是欧洲小冰期最为明显的阶段。

6.4.3　20世纪暖期

20世纪暖期是最近一个世纪由人类活动加剧导致的全球气候变暖时期。IPCC AR5评估报告中，观测到的全球地表平均温度在1901～2012年升高了0.89℃。高纬度和高海拔地区作为气候响应敏感区域，在过去的一个世纪中也经历了持续的升温，并且高海拔地区的升温幅度要明显高于全球平均水平。相关研究表明，1970～2014年青藏高原地区的升温速率为0.35℃/10a，约是全球同期平均升温速率的2倍，同时北半球高纬地区同期的升温速率也很高，为0.48℃/10a。

树轮资料重建的过去千年温度序列表明20世纪是过去千年以来温度最高的世纪。不仅树轮宽度资料记录了这一现象，树轮稳定同位素记录的研究也得到了相同的结论，并且在不同区域的树轮记录中，20世纪都成为过去至少1000年以来温度最高的时段。然而，大气CO_2浓度的持续升高引起的"肥化效应"，可能会使得树轮宽度记录的20世纪增温幅度有所放大。

虽然20世纪的升温具有普遍性，但降水变化在不同区域却有所不同。在青藏高原东北部地区，利用树轮宽度重建的过去3000多年的降水变化显示，20世纪是记录时段内降水最多的世纪。青藏高原西部地区树轮氧稳定同位素的结果也认为过去100年是这1000年以来最为湿润的时段。但是青藏高原东南部的树轮氧稳定同位素记录发现，20世纪气候存在变干旱的趋势。欧洲的1200年树轮稳定碳同位素序列也表明，20世纪的气候特征为温暖干旱。因此，20世纪的湿度变化存在区域性特征。

冰冻圈树轮记录的重大气候事件表明气候变化具有区域性，不同地区温度和降水变化具有很大差异性。但是重大的气候事件在树轮的代用指标中都能得到有效反映，而且冰冻圈区域的温度变化幅度更为剧烈。

思 考 题

　　1. 简述高寒地区气候要素变化是如何影响树木生长的？

　　2. 在一些特定区域，树轮资料可作为积雪变化的有效代用指标，其原理是什么？

　　3. 全球变暖背景下，高纬度或高海拔地区多年冻土退化会导致森林树木生长的水热环境发生变化。在这种情况下，树轮代用指标如何记录冻土水热环境的变化？

第 *7* 章
冰冻圈湖泊沉积气候环境记录

在陆地冰冻圈区域内既存在与冰川融水过程密切相关的湖泊,又存在不受冰川过程影响的湖泊。前者的沉积记录不仅能反映气候环境变化,而且更能揭示冰川的变化过程,后者的沉积记录可以反映冰冻圈区域的气候环境变化过程。本章着重介绍南北极和第三极地区这两种湖泊沉积记录所反映的冰川与气候环境变化历史。

7.1 冰前湖沉积记录的冰川变化

7.1.1 南北极地区冰前湖沉积记录的冰川变化

1. 南极地区

南极洲詹姆斯罗斯岛冰前湖沉积记录和冰川地貌特征显示,寒冷和干旱造成冰川的崩解和水汽匮乏,使白兰地湾冰川(Brandy Bay glacier)在 5.0 ka BP 开始迅速退缩。大约在 4.2 ka BP,气候湿润致使白兰地湾冰川前进,但随后的干旱气候导致冰川退缩,至 3.0 ka BP 冰川完全消亡。南大洋南乔治亚岛冰前湖 Block Lake 沉积物的烧失量(% LOI)记录了其上游冰川过去 7400 年的变化。结果表明,Block Lake 上游冰川在 7.2～7.0 ka BP、5.2～4.4 ka BP、2.4～1.6 ka BP 及 1.0 ka BP 以来处于前进状态,其进退与夏季冷暖事件相对应,并与北大西洋浮冰指数呈反相位(图 7-1)。

2. 北极地区

Karlén(1976)首次明确了瑞典北部冰前湖沉积物的黏土含量对北极区域冰川进退的指示意义。结果显示,瑞典北部冰川在 7.5～7.3 ka BP、4.5 ka BP、2.8～2.2 ka BP 以及最近几个世纪呈现前进趋势(Karlén, 1976)。

挪威南部地区四个冰前湖沉积记录表明,在 9.0 ka BP 以来的相当长时期内,至少有 3 个冰前湖流域冰川消失了,全新世中晚期 4 个冰前湖流域才先后再次发育冰川,其中相对较大的冰川和高海拔冰川形成时间较早、存在时间较长或新冰期扩张较多。研究时段内各湖区流域内冰川的具体活动表现为:Midtivatnet 湖区在 3.4～3.0 ka BP、2.2～2.1 ka

BP 及 1.0 ka BP 以来有冰川活动；Gjuwatnet 湖区在 6.4～5.9 ka BP、3.0～2.6 ka BP、2.5～2.3 ka BP、1.6～1.4 ka BP 及 0.75 ka BP 以来的多个时间段有冰川活动；Flatbrevatnet Ⅱ湖区从 4.9 ka BP 开始冰川持续存在；Storevatnet 湖区自 1.0 ka BP 以来有冰川存在。4 个流域的冰川均在小冰期达到最大规模。事实上，上述冰川变化，尤其是全新世中期 8.0～4.0 ka BP 冰川基本消失的特征在挪威其他地区均有体现（图 7-2）。

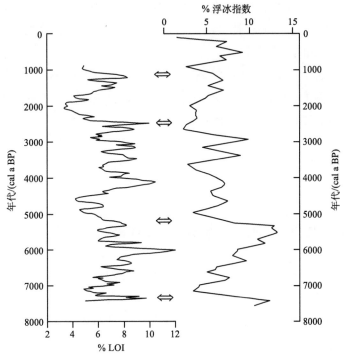

图 7-1　南大洋南乔治亚岛 Block Lake 冰前湖沉积物烧失量（%LOI）记录的冰川进退与北大西洋浮冰指数对比（Rosqvist and Schuber，2003）

cal a BP 表示校正年龄，全书同

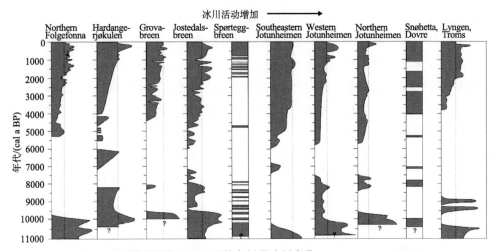

图 7-2　挪威冰前湖沉积记录的全新世冰川变化（Nesje et al.，2008）

利用阿拉斯加西南部 Ahklun 山 Waskey 冰前湖沉积记录重建了该湖上游山谷冰川全新世时期的变化历史。结果显示，其上游山谷冰川在 9.1 ka BP 之前，其末端一直在该湖附近，3.1 ka BP 时新冰期开始，0.7 ka BP 时冰川前进达到最大规模，约 0.25 ka BP 以来冰川范围萎缩了 50%。

加拿大北极区巴芬岛北部的 6 个冰前湖沉积记录显示劳伦泰德冰盖（Laurentide Ice Sheet）在约 10.5 ka BP 退缩，在 6～3 ka BP 规模达到最小，在 3～2 ka BP 前进，并在小冰期达到最大规模。加拿大北极德文岛冰前湖沉积记录显示，20 世纪 20 年代和 50 年代德文岛冰帽具有较高的融化强度。

冰前湖沉积记录显示，格陵兰冰盖在 11.3～11.0 ka BP 时期前进；在全新世大暖期冰盖规模退缩至与现代相当，但在 6.9～3.0 ka BP 和 2.8～0.5 ka BP 时期冰盖规模较现代偏小；在 3.0～2.8 ka BP 和 0.5 ka BP 冰盖呈前进状态。

冰岛东部冰前湖沉积记录显示，冰川在 10.5～9.0 ka BP 迅速消退至几乎不存在，在约 4.4 ka BP 重新出现，在约 1.7 ka BP 至小冰期晚期相对稳定，并在小冰期晚期达到全新世以来最大规模。

7.1.2 第三极地区冰前湖沉积记录的冰川变化

利用冰前湖沉积记录研究第三极地区的冰川变化相对较少。目前，已开展的研究只有希门错、喀拉库里湖、枪勇错、来古湖、布若错和天鹅湖。

希门错位于青藏高原东部，以年保玉则冰川融水补给为主。希门错冰前湖沉积记录显示，年保玉则冰川在 16.4～14.5 ka BP 前进；之后退缩，并在 10.4～3.6 ka BP 退缩最为剧烈；3.6～0 ka BP 微弱前进，其中 1.8～1.3 ka BP 和 0.5～0.1 ka BP 前进显著。

喀拉库里湖位于新疆慕士塔格冰川下游，其沉积记录揭示慕士塔格冰川在 4.2～3.7 ka BP、2.95～2.3 ka BP、1.7～1.07 ka BP 和 0.57～0.1 ka BP 前进，而在 3.7～2.95 ka BP、2.3～1.7 ka BP、1.07～0.57 ka BP 和 0.1 ka BP 退缩。

位于喜马拉雅山脉北坡雨影区的枪勇错是青藏高原东南部典型的冰前湖，其 2500年的沉积记录显示（图 7-3），该冰川在现代暖期（curren warm period，CWP）、中世纪暖期和罗马暖期呈融化退缩趋势，其中现代暖期最为剧烈，罗马暖期和中世纪暖期次之。这一现象说明，现代暖期变暖幅度已经超过了过去 2500 年的任何一个时期，青藏高原的冰川生存将面临巨大威胁。

藏东南来古冰川湖和羌塘高原布若错冰川湖的粒度记录显示，这两个湖流域内的冰川在 3.5 ka BP 和 2.0 ka BP 左右明显前进（Huang et al.，2016；Xu et al.，2018）。利用青藏高原东北部祁连山中段天鹅湖磁化率和正构烷烃沉积记录重建了七一冰川过去3500 年的变化历史。结果表明，七一冰川在 1450～1250 BC、1100～800 BC、250～100 BC、200～300 AD、600～700 AD、1250～1350 AD、1600～1750 AD 和 1850～

1950 AD 呈前进状态（Yan et al., 2020）。除温度降低外，降水增加是引起七一冰川前进的主要原因。

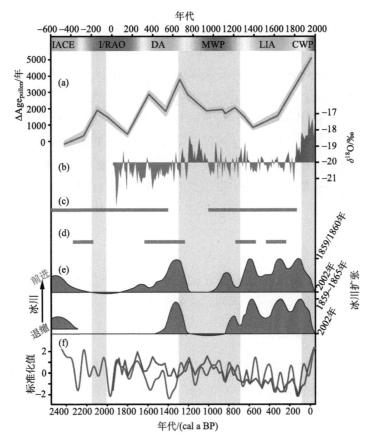

图 7-3　枪勇错老孢粉效应（a）、达索普冰芯氧稳定同位素比率（b）、青藏高原冰进期（c、d）、欧洲冰川波动（e）以及全球和欧洲温度记录（f）对比（Zhang et al.，2017）

横轴负数代表公元前，正数代表公元后；IACE：铁器时代寒冷期；I/RAO：罗马暖期；DA：黑暗时代冷期；MWP：中世纪暖期；LIA：小冰期；CWP：现代暖期

7.2　冰冻圈湖泊沉积记录的气候环境变化

7.2.1　北极地区湖泊沉积记录的气候环境变化

　　南、北极是全球气候变化最为敏感的地区之一，也是大气和海洋物质-能量交换的重要地区，在全球气候系统形成和变化中具有重要的作用。但南极地区由于大部分陆地被冰雪覆盖，裸露的湖盆较少，因此相应的湖泊沉积记录研究稀缺，目前较多的极地湖泊沉积记录研究成果主要集中在北极地区。

1. 中更新世晚期气候环境变化

俄罗斯北极地区埃尔古古伊恩湖（Lake El'gygytgyn）上部 135.2 m 的沉积序列记录，揭示了北极地区 2.8 Ma 以来连续的气候和环境变化过程。该记录与深海沉积 LR04 中 $\delta^{18}O$ 记录具有很好的对应关系，同时揭示出第四纪时期北极地区存在数次"超级间冰期"。例如， MIS11c 和 MIS31 阶段的夏季最高温度要比 MIS1 和 MIS5e 阶段高 4～5℃，年降水量也要高约 300 mm。气候模拟表明，仅用温室气体和地球轨道参数变化很难解释这些"超级间冰期"的极端温暖状况，这意味着一些放大反馈机制和其他过程对极区气候变化具有重要影响。这也反映了北极地区对全球气候变化的敏感性。通过对加拿大北极地区巴芬岛东北部沉积序列进行研究发现，过去 200 ka（末次冰期中期），仅在早全新世和末次间冰期最温暖时期（MIS 5e）夏季温度达到或者超过现在的温度条件；温度、湖泊生态条件和湖水 pH 在过去三个间冰期均表现出相似的变化趋势，这主要受轨道驱动太阳辐射变化的影响。

加拿大地区湖泊沉积记录表明，末次冰期最盛期前后（30.7～15.7 ka BP）气候寒冷干旱，14.7～13 ka BP 温度上升，可能对应了 B/A 暖期。此外，末次冰期向全新世过渡的新仙女木事件在该地区一些湖泊沉积记录中也有所体现。

2. 全新世气候环境变化

俄罗斯地区的湖泊沉积记录多呈现出早—中全新世暖湿，而晚全新世冷干的特征。例如，俄罗斯西伯利亚北部地区花粉-气候定量重建结果表明，早—中全新世气候暖湿，该时期 7 月温度比现在高 2℃左右。加拿大地区全新世气候格局较为复杂。近北极地区盐湖沉积记录显示，9～6.5 ka BP 气候寒冷干旱，6.5～2.5 ka BP 气候温暖湿润，2.5 ka BP 以来气候寒冷但最为湿润。北冰洋埃尔斯米尔岛湖泊沉积记录表明，该地区在 4.2 ka BP 以前气候寒冷，即使在夏季，湖泊仍被大范围冰雪覆盖，而在 4.2～3 ka BP 气候最为温暖。

阿拉斯加不同地区全新世气候变化也存在一定的空间差异性。布鲁克斯山脉中部湖泊沉积记录表明，8.5～6 ka BP 气候比现在干旱并且冷暖交替出现，6～4.6 ka BP 气候变冷，湿度基本达到现在水平。而该山脉中南部湖泊沉积记录揭示，8～5 ka BP 有效湿度（降水量减去蒸发量）相对较高，约在 4 ka BP 有效湿度降到最低，4～2.5 ka BP 有效湿度波动上升，随后有效湿度呈下降趋势。阿拉斯加西北部湖泊沉积物显示，该区域在 10～4.8 ka BP 气候比现在干旱，自 4.8 ka BP 以来气候湿润。

北极地区近 2000 年来的气候环境变化在湖泊沉积中有较详细的记录。阿拉斯加西北部湖泊沉积记录反映，过去 2000 年该地区气候经历了 3 个相对温暖的时期，即公元 0～300 年、850～1200 年和 1800 年以来（后两个暖期分别对应中世纪暖期和小冰期结束后气候好转时期）；公元 600 年左右出现了一次明显的寒冷时期，小冰期在约公元 1700 年达到顶峰，并且温度比现在低约 1.7℃。布鲁克斯山脉中南部的湖泊沉积记录表明，0.4 ka

BP 左右的小冰期气候较为湿润。加拿大巴芬岛湖泊钻孔沉积记录揭示，公元 1700～1850 年气候寒冷。巴芬岛东北部 CF8 湖沉积记录揭示，最近几十年该区域气候脱离了正常的自然循环模式，进入了一个过去 200 ka 来独一无二的环境变革；S41 湖泊沉积记录反映，过去 2000 年经历了中世纪暖期、小冰期和 20 世纪的温度上升期，温度的低频变化受太阳辐射驱动。北冰洋伊丽莎白皇后岛上的东湖沉积记录表明，公元 600～850 年、1400～1550 年和 1750～1850 年该区域气候变化具有大西洋多年代际振荡（atlantic multidecadal oscillation）的特征，这可能与巴芬湾气旋活动增强致使该区域水汽输入增加有关。

7.2.2　第三极地区湖泊沉积记录的气候环境变化

青藏高原分布着全球海拔最高、数量最多、面积最大的湖泊群（王苏民等，1998）。据最新统计，2000 年青藏高原地区面积大于 1.0 km^2 的湖泊有 1204 个，占高原湖泊总面积的 96%（Zhang et al., 2014）。青藏高原的湖泊中许多封闭、半封闭湖泊具有汇水面积小、入湖河流短、远离人类干扰的特点。这些湖泊中的沉积物具有较好的连续性和较高的分辨率，含有丰富的气候环境变化信息，忠实记录了印度季风、东亚季风及西风环流影响下的区域乃至全球性古气候和古环境变化历史。提取这些湖泊沉积物中的气候环境代用指标信息，重建区域乃至更大尺度范围内过去气候环境变化历史在青藏高原气候环境时空变化研究中起到了非常重要的作用，同时也是全球气候环境变化研究的重要内容之一。

1. 第四纪以来的气候环境变化

青藏高原东北部柴达木盆地湖泊沉积孢粉记录表明，3.1～2.6 Ma BP 植被是以蒿属为主的草原，气候相对暖湿；2.6～0.9 Ma BP 发育以藜科为主的荒漠植被，气候变干；0.9～0.6 Ma BP 发育以藜科和麻黄科为主的荒漠植被；0.6 Ma BP 以来，发育以麻黄为主的荒漠植被。该记录总体上揭示出 3.1 Ma BP 以来气候逐步变干的趋势，并在约 2.6 Ma BP、1.2 Ma BP、0.9 Ma BP 和 0.6 Ma BP 出现快速变干事件。这一气候变干趋势可能受全球加速变冷和高原构造抬升所驱动。临近的 SG-1 孔 Mn 含量在 2.77～0.1 Ma BP 呈逐渐降低的趋势，这也反映了晚上新世以来亚洲中部地区逐步干旱化的气候环境变化特征。

青藏高原东部若尔盖盆地 RH 孔和 RM 孔沉积记录显示，中更新世以来高原的构造-气候演化过程可分为不同的阶段（王苏民和薛滨，1996）。0.9～0.7 Ma BP 气候具有明显的暖湿、冷干旋回，表明当时若尔盖地区已具备季风气候特征，这种规律性的气候波动主要受轨道要素变化驱动；0.7～0.45 Ma BP 气候暖湿程度下降，湖泊生产力低且已经相当咸化，该时期的气候不仅受轨道要素驱动的影响，还很大程度上受到构造运动的制约；0.45～0.15 Ma BP 气候环境日趋冷干，并反映出约 0.35 Ma BP 高原进入最强烈的隆升阶段；0.15 Ma BP 以来，有效湿度增大，以冷干、暖湿气候交替为特征，奠定了今日环境的格局。RM 孔沉积物中近 200 ka 来的孢粉记录表明（沈才明等，2005），在间冰期和间冰阶亚高山云杉-冷杉林广泛分布于若尔盖盆地，说明这些时期气候温暖湿润；在倒数第 2 次冰期和末次冰盛期，该区域发育高山流石滩和干旱荒漠植被，指示了气候寒冷干旱；MIS4 期间，该区域主要发育高山草甸植被；MIS3 期间，亚高山云杉-冷杉在该区域出现多次扩张和收缩，表明存在一系列冰阶和间冰阶事件；末次冰消期到全新世早期，森林有一次较大的扩张，高山草甸退缩，说明温度和降水量与现今相当或者超过现今状况。

　　青藏高原西部西昆仑山甜水海 56.32 m 钻孔记录揭示了该地区 240 ka BP 以来的气候和植被状况。结果显示，约 150 ka BP 甜水海从开放型湖泊变成封闭型湖泊；240～17 ka BP 甜水海地区气候环境演变模式表现为间冰期的季风型与冰期的西风型交替作用，中间穿插季风-西风过渡类型的多种气候组合特征；240 ka BP 以来，甜水海地区植被类型一直以高寒荒漠为主导，但此期间有蒿属等成分含量增加的阶段，反映了该区域气候变化以冷干为主，间或存在温和湿润的气候波动。

　　青藏高原中部错鄂湖沉积记录（沈吉等，2004）揭示，2.8 Ma 以来高原中部经历了三次大的环境变化过程及至少两次剧烈隆升。2.8～2.5 Ma BP 高原经历青藏运动之后，形成了错鄂湖盆；2～0.8 Ma BP 高原面整体缓慢隆升，该时期与深海记录有较好的对比性，各环境代用指标的波动反映了高原对冰期-间冰期旋回的响应；0.8 Ma BP 左右高原再次快速隆升，错鄂湖消失，表明高原隆起高度可能超过山地暗针叶林的生长高度，进入了冰冻圈，这次隆升可能奠定了现代高原面的基本格局；0.35 Ma BP 前的大间冰期湖盆内的冰川融化、构造和气候原因使湖盆又重新接受沉积，并且在 0.35～0.15 Ma BP 沉积了一套以砾、砾质砂为主的粗碎屑沉积，暗示了高原又一次快速隆升运动，环境指标显示该时期气候以冷湿为特征；0.15 Ma BP 以来高原再次隆升，高原中部气候进一步变冷变干，呈现与现今相似的冷干气候特征。

　　青藏高原中部腹地扎布耶盐湖沉积记录表明，128～76.6 ka BP 处于末次间冰期时段，湖区气候偏凉湿，湖面上升；76.6～58.6 ka BP 气候经历了偏冷湿—温干—偏冷湿，湖面下降；58.6～29.1 ka BP 处于末次冰期间冰阶时段，湖区气候经历了偏温湿—冷干—凉湿，再趋向温干，湖泊经历了扩大、收缩、再扩大的过程；29.1～11.7 ka BP 处于末次冰期最盛期与末次晚冰阶时段，气候冷暖波动频繁，湖泊逐渐萎缩；11.8～1.4 ka BP 气候波动大，凉湿与干冷气候交替出现，湖泊进一步萎缩，最终形成现在的盐湖。

　　青藏高原中部令戈错沉积记录显示，该地区过去 17 ka 以来的环境变化分为 4 个阶段：第一阶段（17～11.7 ka BP），令戈错水位变化频繁、湖泊蒸发强烈；第二阶段（11.7～10 ka BP），湖泊水位升高，并且稳定在较高湖面；第三阶段（10～8 ka BP），湖泊水量减少，其峰值发生在约 9.2 ka BP、8.5 ka BP 和 7.9 ka BP；第四阶段（8～5.5 ka BP），令戈错持续萎缩，可能对应于印度季风的逐步减弱。

　　青藏高原东南部义墩湖花粉-气候定量重建结果表明，17.3～11.5 ka BP 降水量是现代的 60%，7 月月均温比现在低 4℃。仁错花粉-气候定量重建结果表明，20～11.4 ka BP

年降水量为 250 mm，只有现今年降水量的 40%，1 月气温比现在低 7～10℃，7 月气温比现在低 2～5℃。藏南普莫雍错沉积记录表明，18.5～15 ka BP 气候处于冷干状态；之后莎草科花粉含量快速上升，碳酸钙含量快速降低，可能指示了 B/A 暖期的开始及湿度的增加；13～11.6 ka BP 可能对应新仙女木事件（YD）。

2. 全新世气候环境变化

早全新世青藏高原地区气候环境以温暖湿润为主要特征。青藏高原东北部的青海湖沉积记录表明，该时期降水增多，季风增强，即在早全新世（12.1～5.8 ka BP）温度和湿度较高。大约同一时间，青藏高原西部的松木希错、龙木错、班公错沉积记录也都显示温暖的气候特征，这与季风加强、夏季风深入到高原内部从而影响青藏高原西部地区有关。高原中部的色林错沉积记录显示，该地区在 12～10 ka BP 冷干，在 10～6 ka BP 暖湿。错鄂湖沉积记录显示 10.14 ka BP 前冷干，之后气候变暖湿，8.56～5.75 ka BP 为气候最适宜期。青藏高原中部兹格塘错湖泊沉积记录显示，该区域全新世早期为暖湿气候。青藏高原南部的纳木错沉积记录显示，11.3～10.8 ka BP 时期季风较弱，10.8～9.5 ka BP 时期季风较强，9.5～7.7 ka BP 时期季风减弱，7.7～6.6 ka BP 时期季风较为稳定，6.6～6 ka BP 时期季风增强。青藏高原东部若尔盖盆地湖泊沉积记录显示，9～6 ka BP 时期气候也呈现温暖湿润的特征。

中全新世青藏高原地区气候环境多以冷干为主要特征。青藏高原东北部的青海湖温度记录显示，5～3 ka BP 时期温度明显降低；哈拉湖、克鲁克湖沉积记录显示中全新世该地区西风影响加强。高原西部的塔若错湖泊沉积记录也显示，5～3 ka BP 温度降低、冰川融水减少。中全新世气候冷干、季风减弱的趋势在高原西部松木希错和班公错沉积记录中也有显现。松木希错在 5～4.4 ka BP 湖面下降，气候干旱，直到 3.4 ka BP 才形成与现在相同的气候状态；班公错在 6.2～5.7 ka BP、3.8～3.2 ka BP 气候比较干旱。6 ka BP 后气候逐渐变冷变干的趋势也在高原中部的色林错、错鄂湖、帕茹错和纳木错沉积物中也有记录，表明中全新世以来季风对高原中部的影响逐渐减弱。

晚全新世青藏高原地区气候环境以差异波动变化为主要特征。青藏高原东北部青海湖温度与盐度记录显示晚全新世受亚洲季风变化的影响，气候表现出暖湿和冷干组合的变化特征，暖湿气候发生在 2000～1500 a BP、1100～500 a BP 和 200～0 a BP，分别对应于罗马暖期、中世纪暖期和 20 世纪暖期，冷干时期发生在 1500～1100 a BP 和 500～200 a BP，对应于黑暗时代冷期（DACP）和小冰期。而青藏高原北部苏干湖和尕海湖沉积物记录表明，柴达木地区气候在公元 700～1400 年和 1850 年以来暖干，而在公元 1400～1850 年冷湿。克鲁克湖和托素湖沉积物高分辨率孢粉记录表明，青藏高原东北部在公元 390～460 年、550～650 年、790～860 年、950～1050 年、1120～1180 年、1230～1320 年、1400～1500 年、1620～1700 年和 1760～1800 年气候湿润，在公元 460～550 年、650～790 年、860～950 年、1050～1120 年、1180～1230 年、1320～1400 年、1500～

1620 年、1700～1760 年和 1800～1930 年气候干旱。青藏高原东部希门错湖泊沉积记录揭示，过去 2000 年来希门错地区总体上表现出变暖的趋势，其中 1950～1400 a BP 和 490～50 a BP 为冷期，1400～490 a BP 为暖期。青藏高原中部苟鲁错过去千年的湖泊沉积记录显示，青藏高原腹地过去千年的气候变化以暖干和冷湿组合为主，其中公元 1060～1140 年、1250～1290 年、1340～1440 年、1480～1510 年、1680～1710 年、1740～1780 年和 1900～1998 年为暖干时期，而 1140～1250 年、1290～1340 年、1440～1480 年、1510～1580 年、1590～1610 年、1620～1680 年、1710～1740 年和 1790～1900 年为冷湿时期。可可西里库赛湖沉积物记录表明，公元 850～1110 年气候干旱，1100 年以来气候呈现湿润的特征。青藏高原西北部班公错和松木希错沉积物记录表明，该地区在公元 850～1250 年气候干旱，而在约 1350 年气候湿润。

近年来，对青藏高原多个湖泊沉积记录所反映的区域温度变化进行了定量重建研究（图 7-4）。青藏高原南部湖泊摇蚊记录反映出末次冰期最盛期温度较现今低 5℃，在 19 ka BP 之后温度快速上升。希门错和乱海子海孢粉沉积记录也显示了类似的变化趋势，末次冰期最盛期时希门错地区气温降低了 5℃，乱海子海地区降低了 2℃，全新世早期温度急剧上升之后保持相对稳定。纳木错沉积物中 GDGTs 分析结果表明，利用该参数进行温度重建时要注意其绝对值，且区域水文条件可能影响温度的重建结果。青海湖沉积物中

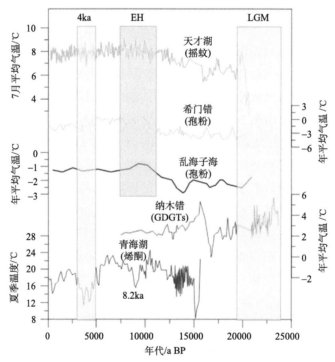

图 7-4　青藏高原湖泊沉积记录所反映的温度变化（自上而下参考文献为 Zhang et al.，2018，2019；
Herzschuh et al.，2014；Herzschuh et al.，2010；Günther et al.，2015；Hou et al.，2016）

长链烯酮记录显示，青藏高原东北部地区全新世以来的气温变化幅度较大，约为 16℃，并且在 5～3.5 ka BP 突然变冷。

综上可见，青藏高原东北部湖泊沉积物的气候环境记录研究较深入，气候阶段划分比较成熟；高原中部湖泊沉积多指标综合研究在时间尺度上比较长，对气候环境变化的响应比较明显；高原南部位于喜马拉雅雨影区的湖泊，高精度、长时间序列的气候环境变化记录研究相对较少。通过目前成熟的湖泊沉积物理、化学和生物指标对高原不同地区气候环境变化重建结果进行对比，揭示出青藏高原气候环境变化存在明显的区域差异，这种差异可能与西风环流和亚洲季风的协同作用有关。目前，利用湖泊沉积记录对青藏高原全新世以来的气候环境变化研究已取得了很大进展，基本上确立了早全新世气候以暖湿为主，中全新世以冷干为主，晚全新世以来干旱相对有所加强，且不同区域呈现冷湿-暖干或冷干-暖湿交替变化的特征。然而，关于一些重大气候环境事件（如中世纪暖期、小冰期以及 20 世纪暖期等）在高原不同地区发生的起止时间、冷暖干湿变化幅度及其原因等还没有系统的研究，湖泊沉积记录的定量化重建工作开展得还比较少（朱立平和郭允，2017），这些都有待于进一步加强。

思 考 题

1. 冰前湖是如何记录冰川变化信息的？
2. 你认为冰冻圈湖泊沉积记录应该拓展哪些方面的研究内容？

参 考 文 献

崔之久, 等. 2013. 混杂堆积与环境. 石家庄: 河北科学技术出版社.

董国成, 易朝路, Caffee M. 2014. 念青唐古拉山西段冰碛垄漂砾 ^{10}Be 暴露测年及末次冰期序列. 中国科学: 地球科学, 44(5): 945-956.

霍文冕, 姚檀栋, 李月芳. 1999. 7000m 处冰芯中 Pb 记录揭示人类活动污染在加剧. 科学通报, 44(9): 978-981.

金会军, 金晓颖, 何瑞霞, 等. 2019. 两万年来的中国多年冻土形成演化. 中国科学: 地球科学, 49(8): 1197-1212.

李真, 姚檀栋, 田立德, 等. 2006. 慕士塔格冰芯记录的近 50 年来大气中铅含量变化. 科学通报, 51(15): 1833-1836.

刘雯雯, 徐鹏, 朱海峰, 等. 2015. 藏东南地区树轮冰川学研究进展. 第四纪研究, 35(5): 1238-1244.

刘勇勤, 姚檀栋, 徐柏青, 等. 2013. 慕士塔格冰芯中近百年来细菌数量与气候环境变化的关系. 第四纪研究, 33(1): 19-25.

沈才明, 唐领余, 王苏民, 等. 2005. 若尔盖盆地 RM 孔孢粉记录及其年代序列. 科学通报, 50(3): 246-254

沈吉, 吕厚远, 王苏民, 等. 2004. 错鄂孔深钻揭示的青藏高原中部 2.8 MaBP 以来环境演化及其对构造事件响应. 中国科学(D 辑: 地球科学), 34(4): 359-366.

施雅风, 崔之久, 李吉均, 等. 1989. 中国东部第四纪冰川与环境问题. 北京: 科学出版社.

施雅风, 崔之久, 苏珍. 2006. 中国第四纪冰川与环境变化. 石家庄: 河北科学技术出版社.

王宁练, 姚檀栋, 蒲建辰, 等. 2006. 青藏高原北部马兰冰芯记录的近千年来气候环境变化. 中国科学(D 辑: 地球科学), 36(8): 723-732.

王苏民, 窦鸿身. 1998. 中国湖泊志. 北京: 科学出版社.

王苏民, 薛滨. 1996. 中更新世以来若尔盖盆地环境演化与黄土高原比较研究. 中国科学(D 辑: 地球科学), 26(4): 323-328.

徐建中, Kaspari S, 侯书贵, 等. 2009. 珠穆朗玛峰东绒布冰芯 1800AD 以来的火山活动记录. 科学通报, 54(4): 488-492.

徐鹏, 朱海峰, 邵雪梅, 等. 2012. 树轮揭示的藏东南米堆冰川小冰期以来的进退历史. 中国科学(地球科学), 42(3): 380-389.

姚檀栋, 段克勤, 田立德, 等. 2000. 达索普冰芯积累量记录和过去 400a 来印度夏季风降水变化. 中国科学(D 辑: 地球科学), 30(6): 619-627.

姚檀栋, 焦克勤, 皇翠兰, 等. 1995. 冰芯所记录的环境变化及空间耦合特征. 第四纪研究, 15(1): 23-31.

姚檀栋, 秦大河, 徐柏青, 等. 2006. 冰芯记录的过去1000a青藏高原温度变化. 气候变化研究进展, 2(3): 99-103.

姚檀栋, Thompson L G, 施雅风, 等. 1997. 古里雅冰芯中末次间冰期以来气候变化记录研究. 中国科学(D 辑: 地球科学), 27(5): 447-452.

姚檀栋, 徐柏青, 蒲健辰. 2001. 青藏高原古里雅冰芯记录的轨道、亚轨道时间尺度的气候变化. 中国科学(D 辑: 地球科学), 31(S1): 287-294.

张威, 闫玲, 崔之久, 等. 2008. 长白山现代理论雪线和古雪线高度. 第四纪研究, 28(4): 739-745.

朱立平, 郭允. 2017. 青藏高原湖泊沉积记录与环境变化研究. 科技导报, 35(6): 65-70.

Abyzov S, Mitskevich I N, Poglazova M N, et al. 1999. Antarctic ice sheet as an object for solving some methodological problems of exobiology. Advances in Space Research, 23(2): 371-376.

Barclay D J, Wiles G C, Calkin P E. 2009. Tree-ring crossdates for a First Millennium AD advance of Tebenkof Glacier, southern Alaska. Quaternary Research, 71(1): 22-26.

Battistel D, Kehrwald N M, Zennaro P, et al. 2018. High-latitude Southern Hemisphere fire history during the mid- to late Holocene (6000–750 BP). Climate of the Past, 14(6): 871-886.

Beer J, Tobias S, Weiss N. 1998. An active sun throughout the Maunder Minimum. Solar Physics, 181(1): 237-249.

Boutron C F, Gorlach U, Candelone J P, et al. 1991. Decrease in anthropogenic lead, cadmium and zinc in Greenland snows since the late 1960s. Nature, 353: 153-156.

Chen J Y. 1989. Preliminary researches on lichenometric chronology of holocene glacial fluctuations and on other topics in the headwater of urumqi river, tian-shan mountains. Science in China (Series B: Chemistry), 32(12): 1487-1500.

Dahl S O, Nesje A. 1996. A new approach to calculating Holocene winter precipitation by combining glacier equilibrium-line altitudes and pine-tree limits: a case stud from Hardangerjokulen, central southern Norway. The Holocene, 6(4): 381-398.

Dahl-Jensen D, Johnsen S J. 1986. Palaeotemperatures still exist in the Greenland ice sheet. Nature, 320(6059): 250-252.

Dahl-Jensen D, Mosegaard K, Gundestrup N, et al. 1998. Past temperatures directly from the Greenland ice sheet. Science, 282(5387): 268-271.

Dansgaard W. 1964. Stable isotopes in precipitation. Tellus, 16(4): 436-468.

Dansgaard W. 2004. Frozen Annals: Greenland Ice Cap Research. Odder, Denmark: Narayana Press.

Dansgaard W, Johnsen S J, Clausen H B, et al. 1993. Evidence for general instability of past climate from a 250-kyr ice-core record. Nature, 364: 218-220.

de Bruijn R. 2012. Pingo Remnants in the Northern Netherlands and Adjacent North-western Germany. Netherlands: Utrecht University.

Duan K Q, Thompson L G, Yao T, et al. 2007. A 1000 year history of atmospheric sulfate concentrations in southern Asia as recorded by a Himalayan ice core. Geophysical Research Letters, 34(1): 155-170.

Dunai T J. 2010. Cosmogenic Nuclides: Principles, Concepts and Applications in the Earth Surface Sciences. Cambridge: Cambridge University Press.

EPICA Community Members. 2004. Eight glacial cycles from an Antarctic ice core. Nature, 429: 623-628.

EPICA Community Members. 2006. One-to-one coupling of glacial climate variability in Greenland and Antarctica. Nature, 444: 195-198.

Etheridge D M, Steele L P, Langenfelds R L, et al. 1996. Natural and anthropogenic changes in atmospheric CO_2 over the last 1000 years from air in Antarctic ice and firn. Journal of Geophysical Research Atmospheres, 101(D2): 4115-4128.

French H M. 1998. An appraisal of cryostratigraphy in north-west Arctic Canada. Permafrost and Periglacial Processes, 9(4): 297-312.

Fritts H C. 1976. Tree rings and climate. Scientific American, 226(5): 92-101.

Gowan E J, Zhang X, Khosravi S, et al. 2021. A new global ice sheet reconstruction for the past 80000 years. Nature Communications, 12: 1199.

Günther F, Witt R, Schouten S, et al. 2015. Quaternary ecological responses and impacts of the indian ocean summer monsoon at Nam Co, Southern Tibetan Plateau. Quaternary Science Reviews, 112: 66-77.

Harris S A. 1981. Distribution of zonal permafrost landforms with freezing and thawing indices (die verbreitung zonaler permafrostformen in beziehung zu gefrier-und auftau-indizes). Erdkunde, 35(2): 81-90.

Harris S A, Brouchkov A V, Cheng G D. 2017. Geocryology: Characteristics and Use of Frozen Ground and Permafrost Landforms. Boca Raton: CRC Press.

He R, Jin H J, French H M, et al. 2020. Cryogenic wedges and cryoturbations on the Ordos Plateau in North China since 50 ka BP and their paleo-environmental implications. Permafrost and Periglacial Processes, 32(1): 231-247. DOI: 10. 1002/ppp. 2084.

Heinrich H. 1988. Origin and Consequences of Cyclic Ice Rafting in the Northeast Atlantic Ocean During the Past 130, 000 Years. Quaternary Research, 29(2): 142-152.

Herzschuh U, Birks H J B, Mischke S, et al. 2010. A modern pollen-climate calibration set based on lake sediments from the Tibetan Plateau and its application to a Late Quaternary pollen record from the Qilian Mountains. Journal of Biogeography, 37(4): 752-766.

Herzschuh U, Borkowski J, Schewe J, et al. 2014. Moisture-advection feedback supports strong early-to-mid Holocene monsoon climate on the eastern Tibetan Plateau as inferred from a pollen-based reconstruction. Palaeogeography, Palaeoclimatology, Palaeoecology, 402: 44-54.

Hong S, Candelone J P, Patterson C C, et al. 1994. Greenland ice evidence of hemispheric lead pollution two millennia ago by greek and roman civilizations. Science, 265: 1841-1843.

Hou J Z, Huang Y S, Zhao J T, et al. 2016. Large Holocene summer temperature oscillations and impact on the peopling of the northeastern Tibetan Plateau. Geophysical Research Letters, 43(3): 1323-1330.

Huang L, Zhu L P, Wang J B, et al. 2016. Glacial activity reflected in a continuous lacustrine record since the early Holocene from the proglacial Laigu Lake on the southeastern Tibetan Plateau. Palaeogeography, Palaeoclimatology, Palaeoecology, 456: 37-45.

IPCC. 2013. Climate Change 2013: The Physical Science Basis. Cambridge: Cambridge University Press.

Jin H J, Vandenberghe J, Luo D L, et al. 2020. Quaternary permafrost in China: Apreliminary framework and some discussions. Quaternary, 3(4): 32.

Kang S C, Huang J, Wang F Y, et al. 2016. Atmospheric mercury depositional chronology reconstructed from lake sediments and ice core in the Himalayas and Tibetan Plateau. Environmental Science & Technology, 50(6): 2859-2869.

Karlén W. 1976. Lacustringe sediments and tree-limit variations as indicators of Holocene Climatic Fluctuations in Lappland, Northern Sweden. Geografiska Annaler: Series A, Phyisical Geography, 58(1-2): 1-34.

Karte J. 1983. Periglacial phenomena and their significance as climatic and edaphic indicators. GeoJournal, 7(4): 329-340.

Kharuk V I, Ranson K J, Petrov I A, et al. 2019. Larch (Larix dahurica Turcz) growth response to climate change in the Siberian permafrost zone. Regional Environmental Change, 19(1): 233-243.

Le Quesne C, Acuña C, Boninsegna J A, et al. 2009. Long-term glacier variations in the Central Andes of Argentina and Chile, inferred from historical records and tree-ring reconstructed precipitation. Palaeogeography, Palaeoclimatology, Palaeoecology, 281(3-4): 334-344.

Liu J, Zhang T J. 2014. Fundamental solution method for reconstructing past climate change from borehole temperature gradients. Cold Regions Science and Technology, 102: 32-40.

Liu J, Zhang T J, Wu Q B, et al. 2020. Recent climate changes in the northwestern Qaidam Basin inferred from geothermal gradients. Earth Science Informatics, 13(11): 261-270

Liu Y Q, Priscu J C, Yao T D, et al. 2016. Bacterial responses to environmental change on the Tibetan Plateau over the past half century. Environmental Microbiology, 18(6): 1930-1941.

Macayeal D R, Firestone J, Waddington E. 1991. Paleothermometry by control methods. Journal of Glaciology, 37(127): 326-338.

Mackay J R. 1998. Pingo growth and collapse, Tuktoyaktuk Peninsula Area, Western Arctic Coast, Canada: a long-term field study. Géographie physique et Quaternaire, 52(3): 271-323.

Majorowicz J A, Skinner W R, Šafanda J. 2004. Large ground warming in the Canadian Arctic inferred from inversions of temperature logs. Earth and Planetary Science Letters, 221(1-4): 15-25.

Malcomb N L, Wiles G C. 2013. Tree-ring-based reconstructions of North American glacier mass balance through the Little Ice Age—Contemporary warming transition. Quaternary Research, 79(2): 123-137.

Meier W J H, Aravena J C, Grießinger J, et al. 2019. Late Holocene glacial fluctuations of schiaparelli Glacier at Monte Sarmiento Massif, Tierra del Fuego (54°24′S). Geosciences, 9(8): 340.

Miteva V, Teacher C, Sowers T, et al. 2009. Comparison of the microbial diversity at different depths of the GISP2 Greenland ice core in relationship to deposition climates. Environmental Microbiology, 11(3): 640-656.

Murozumi M, Chow T J, Patterson C. 1969. Chemical concentrations of pollutant lead aerosols, terrestrial dusts and sea salts in Greenland and Antarctic Snow Strata. Geochimica et Cosmochimica Acta, 33(10): 1247-1294.

Nesje A, Bakke J, Dahl S O, et al. 2008. Norwegian mountain glaciers in the past, present and future. Global and Planetary Change, 60(1-2): 10-27.

Orvosova M, Deininger M, Milovsky R. 2014. Permafrost occurrence during the Last Permafrost Maximum in the Western Carpathian Mountains of Slovakia as inferred from cryogenic cave carbonate. Boreas, 43(3): 750-758.

Pederson G T, Gray S T, Woodhouse C A, et al. 2011. The unusual nature of recent snowpack declines in the north American Cordillera. Science, 333(6040): 332-335.

Porter S C. 2001. Snowline depression in the tropics during the Last Glaciation. Quaternary Science Reviews, 20(10): 1067-1091.

Price P B, Bay R C. 2012. Marine bacteria in deep Arctic and Antarctic ice cores: a proxy for evolution in oceans over 300 million generations. Biogeosciences, 9(10): 3799-3815.

Romanovskij N N. 1973. Regularities in formation of frost-fissures and development of frost-fissure polygons. Biuletyn Peryglacjalny, 23: 237-277.

Rosqvist G C, Schuber P. 2003. Millennial-scale climate changes on South Georgia, Southern Ocean. Quaternary Research, 59(3): 470-475.

Ruddiman W F. 2005. How did humans first alter global climate. Scientific American, 292(3): 46-53.

Santibanez P A, Maselli O J, Greenwood M C, et al. 2018. Prokaryotes in the WAIS Divide ice core reflect source and transport changes between Last Glacial Maximum and the early Holocene. Global Change Biology, 24(5): 2182-2197.

Sidorova O V, Siegwolf R T W, Saurer M, et al. 2009. Do centennial tree-ring and stable isotope trends of Larix gmelinii (Rupr.) Rupr. indicate increasing water shortage in the Siberian north. Oecologia, 161(4): 825-835.

Solomon S, Qin D H, Manning M, et al. 2007. Climate Change 2007: the Physical Science Basis. Contribution of Working Group I to the fourth Assessment Report of the Intergovernmental Panel on Climate Change. Cambridge: Cambridge University Press.

Streiff-Becker R. 1947. Der Dimmerföhn. Vierteljahresschrift der Naturforschenden Gesellschaft Zürich, 195-198.

Thompson L G, Davis M E, Mosley-Thompson E, et al. 2005. Tropical ice core records: evidence for asynchronous glaciation on Milankovitch timescales. Journal of Quaternary Science, 20(7-8): 723-733.

Thompson L G, Yao T, Mosley-Thompson E, et al. 2000. A high-resolution millennial record of the south Asian monsoon from Himalayan ice cores. Science, 289(5486): 1916-1919.

Tweed F S, Carrivick J L. 2015. Deglaciation and proglacial lakes. Geology Today, 31(3): 96-102.

Vaks A, Gutareva O S, Breitenbach S F M, et al. 2013. Speleothems reveal 500, 000-year history of Siberian permafrost. Science, 340(6129): 183-186.

Vandenberghe J, French H M, Gorbunov A, et al. 2014. The Last Permafrost Maximum (LPM) map of the Northern Hemisphere: permafrost extent and mean annual air temperatures, 25-17 ka BP. Boreas, 43(3): 652-666.

Wang N L, Jiang X, Thompson L G, et al. 2007. Accumulation rates over the past 500 years recorded in ice cores from the northern and southern Tibetan plateau, China. Arctic, Antarctic, and Alpine Research, 39(4): 671-677.

Wang N L, Wu X B, Kehrwald N, et al. 2015. Fukushima nuclear accident recorded in Tibetan Plateau snow pits. PLoS One, 10(2): e0116580.

Wang N L, Yao T D, Pu J C, et al. 2006. Climatic and environmental changes over the last millennium recorded in the Malan ice core from the northern Tibetan Plateau. Science in China Series D: Earth Sciences, 49(10): 1079-1089.

Williams M A J. Dunkerley D L, Deckker P D, et al. 1993. Quatrnary Environments. London: Edward Arnold.

Xu B Q, Cao J J, Hansen J, et al. 2009. Black soot and the survival of Tibetan glaciers. Proceedings of the National Academy of Sciences, 106(52): 22114-22118.

Xu B Q, Yao T D. 2001. Dasuopu ice core record of atmospheric methane over the past 2000 years. Science in China Series D: Earth Sciences, 44(8): 689-695.

Xu T, Zhu L P, Lü X M, et al. 2018. Mid- to late-Holocene paleoenvironmental changes and glacier fluctuations reconstructed from the sediments of proglacial lake Buruo Co, northern Tibetan Plateau. Palaeogeography, Palaeoclimatology, Palaeoecology, 517: 74-85.

Yan Tianlong, He Jianhua, Wang Zongli, et al. 2020. Glacial fluctuations over the last 3500 years reconstructed from a lake sediment record in the northern Tibetan Plateau. Palaeogeography Palaeoclimatology Palaeoecology, 544: 109597. Doi: 10.1016/j.palaeo.2020.109597.

Yang S Z, Cao X Y, Jin H J. 2015. Validation of ice-wedge isotopes at Yitull'he, northeastern China as climatic proxy. Boreas, 44(3): 502-510.

Yao T D, Liu Y Q, Kang S C, et al. 2008. Bacteria variabilities in a Tibetan ice core and their relations with climate change. Global Biogeochemical Cycles, 22(4): GB4017.

Yao T D, Thompson L G, Shi Y F, et al. 1997. Climate variation since the last interglaciation recorded in the Guliya ice core. Science in China Series D: Earth Sciences, 40(6): 662-668.

Yao T D, Xiang S R, Zhang X J, et al. 2006. Microorganisms in the Malan ice core and their relation to climatic and environmental changes. Global Biogeochemical Cycles, 20(1): GB1004.

Yao T D, Xie Z C, Wu X L, et al. 1991. Climatic-change since Little Ice-Age recorded by Dunde Ice Cap. Science in China Series B: Chemistry, 34(6): 760-767.

Yao T D, Xu B Q, Pu J C. 2001. Climatic changes on orbital and sub-orbital time scale recorded by the Guliya ice core in Tibetan Plateau. Science in China Series D: Earth Sciences, 44(1): 360-368.

You C, Yao T D, Xu C. 2019. Environmental significance of levoglucosan records in a central Tibetan ice core. Science Bulletin, 64(2): 122-127.

Zagorodnov V, Nagornov O, Scambos T A, et al. 2012. Borehole temperatures reveal details of 20th century warming at Bruce Plateau, Antarctic Peninsula. The Cryosphere, 6(3): 675-686.

Zennaro P, Kehrwald N, Marlon J, et al. 2015. Europe on fire three thousand years ago: Arson or climate. Geophysical Research Letters, 42(12): 5023-5033.

Zhang E L, Chang J, Shulmeister J, et al. 2019a. Summer temperature fluctuations in Southwestern China during the end of the LGM and the last deglaciation. Earth and Planetary Science Letters, 509: 78-87.

Zhang E L, Chang J, Sun W W, et al. 2018. Potential forcings of summer temperature variability of the southeastern Tibetan Plateau in the past 12 ka. Journal of Asian Earth Sciences, 159: 34-41.

Zhang G Q, Yao T D, Xie H J, et al. 2014. Lakes' state and abundance across the Tibetan Plateau. Chinese Science Bulletin, 59(24): 3010-3021.

Zhang J F, Xu B Q, Turner F, et al. 2017. Long-term glacier melt fluctuations over the past 2500 yr in monsoonal High Asia revealed by radiocarbon-dated lacustrine pollen concentrates. Geology, 45(4): 359-362.

Zhang R B, Wei W S, Shang H M, et al. 2019b. A tree ring-based record of annual mass balance changes for the TS. Tuyuksuyskiy Glacier and its linkages to climate change in the Tianshan Mountains. Quaternary Science Reviews, 205: 10-21.

Zhu H F, Shao X M, Zhang H, et al. 2019. Trees record changes of the temperate glaciers on the Tibetan Plateau: Potential and uncertainty. Global and Planetary Change, 173: 15-23.

Zielinski G A, Mayewski P A, Meeker L D, et al. 1996. A 110, 000-yr record of explosive volcanism from the GISP2 (Greenland) ice core. Quaternary Research, 45(2): 109-118.

Zoltai S C. 1975. Tree ring record of soil movements on permafrost. Arctic and Alpine Research, 7(4): 331-340.